园艺植物与菌类原色图鉴

食药用菌

原色图鉴

牛长满　主　编

U0259695

中国农业大学出版社

·北京·

内容提要

本书精选了 19 种适合作为食药用菌原材料的园艺植物和 74 种在国内外有较高开发前景的食药用菌，重点将不同种类食药用菌品种按木腐菌、草腐菌、寄生菌、共生菌、土生菌和菌根菌进行分类，详尽地介绍了它们的科属、别名、形态特征、营养价值、生活习性及生产、驯化模式等。每个品种都配有作者多年搜集整理的不同生活阶段、栽培方式等特写图片，力求全方位展现食用、药用真菌的真实形态和细节特征。园艺植物部分仅筛选了一小部分生活中常见的园艺植物，其他森林植物并未着重笔墨介绍，旨在让读者体会到身边的植物和菌类间的关系。可供食用菌生产经营者，业余爱好者，食用菌、微生物专业师生以及相关教学科研工作者等进行食用菌鉴别和欣赏。

图书在版编目（CIP）数据

食药用菌原色图鉴 / 牛长满主编 . -- 北京：中国农业大学出版社，2022.6
ISBN 978-7-5655-2806-4

Ⅰ. ①食… Ⅱ. ①牛… Ⅲ. ①食用菌—蔬菜园艺—图集 Ⅳ. ① S646-64

中国版本图书馆 CIP 数据核字（2022）第 108692 号

书　　名	食药用菌原色图鉴			
作　　者	牛长满　主编			
策划编辑	林孝栋　康昊婷		**责任编辑**　康昊婷	
封面设计	郑　川			
出版发行	中国农业大学出版社			
社　　址	北京市海淀区圆明园西路 2 号		**邮政编码**　100193	
电　　话	发行部 010-62731190,3489		读者服务部 010-62732336	
	编辑部 010-62732617,2618		出 版 部 010-62733440	
网　　址	http://www.caupress.cn		E-mail cbsszs@cau.edu.cn	
经　　销	新华书店			
印　　刷	涿州星河印刷有限公司			
版　　次	2022 年 6 月第 1 版　　2022 年 6 月第 1 次印刷			
规　　格	148 mm×210 mm　32 开本　6.5 印张　210 千字			
定　　价	49.00 元			

图书如有质量问题本社发行部负责调换

编写人员

主　　编　牛长满

副 主 编　张振东　王庆菊　马世宇

参编人员　杨晓菊　刘　迪　崔颂英　衣冠东　马　野　付亚娟

主　　审　陈杏禹

前　言 | PREFACE

目前，野生大型真菌的开发和利用已被全世界所关注，将成为 21 世纪全世界重点开发和发展的食品领域。大森林中的野生大型真菌资源更具有极其宝贵的保健价值、开发价值和经济价值。了解食用菌和它喜欢着生的园艺植物间的关系，有助于我们更好地认识食用菌。

食用菌是天然的绿色食品，营养丰富，鲜美可口，香味诱人，且富含多糖类物质，常食用具有提神、润肤、养颜等食疗价值，如黑木耳、香菇、银耳、猴头菇、金针菇、羊肚菌、松口蘑、蜜环菌、松茸、鸡枞菌、干巴菌、牛肝菌、金耳、块菌等，都可制造出许多可口的菜肴和保健食品。而我们的野生大型真菌资源是非常丰富的，其开发利用前景十分广阔。它既可丰富人们的食品来源，又可供外贸出口创汇，满足庞大的国内市场和较为广阔的海外市场。

食用菌的药用价值也令我们刮目相看，绝大多数真菌药材都具有增强人体免疫力，治疗心脑血管疾病，抗癌等功效，如猪苓、侧耳、云芝、香菇、灵芝、银耳、茯苓、冬虫夏草、猴头菇、裂褶菌、安络小皮伞等真菌，研究证明这些真菌的多糖对某些肿瘤、癌症、心血管、神经系统等有治疗、

消炎、镇痛等作用；冬虫夏草、灵芝、块菌等在医疗临床和滋补保健中都显示了一定的效果；茯苓、猪苓利水渗湿，马勃医治恶疮等都一直用于中医临床；树舌、云芝治疗乙型肝炎；云芝、银耳医治慢性气管炎；猴头菇治疗慢性胃炎；安络小皮伞治疗三叉神经痛、偏头痛等。

目前我们认识的野生食用及药用菌中，有 100 余个品种可经济性栽培。

有不少栽培农户、企业对这些可以经济性栽培的菌类了解不系统，限制了他们的开发思路，以至于造成一些品种的畸形发展，违背了食用菌市场的全面、均衡的发展原则。本图册正是基于该现状而编写，罗列了 31 个科的可以经济性栽培的菌类，尽可能让读者全面、系统地了解这些菌类。

　　该书主要针对当前发展前景较好的食用和药用大型真菌而编写的一本图鉴，对于一些食用和药用价值不显著，甚至一些毒菌则未加以介绍，故在该图鉴中的分类中有一部分纲目未列入该图鉴分类目录中。该图鉴中将一部分学术性较强的命名，被替换以当前广泛的通俗命名，以期被读者更易理解。书中每类典型的食药用菌均在图片的基础上配以简明文字介绍，以便使读者更易理解该品种。文字介绍包括形态说明、营养价值、生长环境、生产模式等内容。同时本书还介绍了我们周围常见的 19 种园艺植物，它们有果树、还有一些园林树木，这些我们常见的树都是栽培食用菌的好原料，所以在处理、修剪完这些园艺植物枝条、树干后不要丢弃这些资源。

　　在图册编写过程中，还要感谢给予我们大力支持和帮助的家人、朋友，图册的完成和他们的付出是分不开的。最后对所有参与本图册策划、编辑、校稿的人员表示深深的敬意和感激。

　　由于编者水平、能力有限，书中错误和不妥之处，敬请各位前辈、同行、读者批评指正。

牛长满

农历壬寅虎年春分

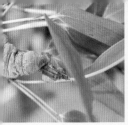

目 录

CONTENTS

参考文献

一

木腐菌类

1. 安络小皮伞

起源分类 安络小皮伞又名鬼毛针、茶褐小皮伞等。归属担子菌亚门，层菌纲，伞菌目，白蘑科。主要分布于我国南方。

生长习性 子实体单生或群生，菌盖直径 0.5～1.5 cm，扁半球形至平展，灰褐色，边缘色浅，中央脐状突起，并具从中央向四周辐射的条纹，韧；菌肉白色，很薄；菌褶近白色，直生，稀，不等长；菌柄极细圆柱形，黑褐色，中空，长 3～5 cm，粗 0.05～0.1 cm；菌索发达，形似马鬃；孢子无色，近卵形。该菌为腐生菌，常于 5—10 月，环境温度在 15～28 ℃时，生于阴凉潮湿的林内枯枝、腐木、落叶、枯竹枝上，菌索发达。菌丝在生长期间，培养基表面会逐渐变为黑褐色；如遇强光则会产生黑色根状菌索。

野生安洛小皮伞

应用价值 可供食用。我国已从其菌丝体培养物中提取出内酯化合物、三十碳酸和麦角甾醇等具有镇痛效果的成分，并加工成"安络痛"药物，有止痛，缓解跌打损伤，减缓三叉神经痛、偏头痛、眶上神经痛、骨折疼痛、麻风性神经痛、坐骨神经痛及风湿性关节炎等功效。该菌驯化栽培比较容易，主要用于医药领域，靠液体深层发酵培养提取其药分，药用价值很高。

安络小皮伞野生子实体图

2. 白灵菇

起源分类 又名白灵侧耳、白阿魏菇等。归属担子菌亚门，层菌纲，伞菌目，侧耳科。我国各地均有分布。

生长习性 子实体单生或丛生，菌盖直径 5~15 cm，厚 3~5 cm，白色，呈扁半圆形，中部下凹，边缘内卷，菌盖由内向边缘处由厚变薄；菌肉白色；菌褶白色，不等长刀片状、延生；菌柄侧生、白色、内实，长 4~8 cm，直径 3~5 cm；孢子无色，光滑，长椭圆形。该菌为腐生菌，于春末发生量较多，属低温型菌。该菌分解木质素、纤维素能力较其他侧耳差，经不断驯化可利用玉米芯、棉籽壳和阔叶木屑进行栽培。生产中加入玉米粉、麦麸、糖、石膏等营养物质，可提高其产量。

袋式出菇

应用价值 肉质细腻、味美如鲍鱼、口感极佳，有"素鲍鱼"之称。该菇富含多种营养成分，尤其精氨酸和赖氨酸含量较高。该菇高蛋白、低脂肪，含有多种对人体有益的矿物质，经常食用可增强人体免疫力、预防心脑血管疾病等，为不可多得的菇中精品。白灵菇驯化栽培有一定难度，多采用全熟料栽培，产量一般。白灵菇生长环境适合工厂化空调培养，属于食用菌工厂化主要栽培的珍稀品种之一。多见于大中城市市场，受到消费者广泛认可，售价较高，前景很好。

野生白灵菇

瓶式出菇

工厂化出菇

3. 白平菇

起源分类 又名佛罗里达侧耳、白色蚝菇等。归属担子菌亚门，层菌纲，伞菌目，侧耳科。我国各地均有分布。

生长习性 子实体中等至大型。菌盖直径 4～11 cm，扁半球形，后平展，中部下凹呈漏斗状，白色、光滑。菌肉白色。菌褶白色，延生；菌柄长 1～8 cm，粗 0.5～1.5 cm，圆柱状，白色，侧生或偏生，实心。孢子无色，光滑，近卵圆形。夏秋季于腐木上丛生，于夏秋季节发生量较多，属中高温型菌。该菌分解木质素、纤维素、半纤维素的能力较强，可利用玉米芯、棉籽壳、甘蔗渣、木屑、稻草、麦秸等进行栽培。生产中加入玉米粉、麦麸、糖、石膏等营养物质可提高产量。

野生白平菇

应用价值 白平菇味道鲜美，含丰富的营养物质，每百克干品含蛋白质 20～23 g，氨基酸种类、成分齐全，矿物质含量十分丰富。含有十分丰富的 B 族维生素，以及钾、钠、钙、镁、锰、铜、锌、硫等 14 种微量元素；研究表明，白平菇还含有平菇素（蛋白糖）和酸性多糖体等生理活性物质，对健康、长寿、防治肝炎病等作用较大，对防治癌症也有一定的效果。白平菇属于高档菌类品种之一，驯化栽培技术多采用全熟料栽培、半熟料栽培，产量一般，但市场售价较高，市场前景较好。

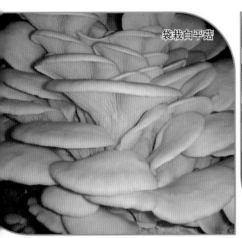
袋栽白平菇

袋栽白平菇

袋栽白平菇

袋栽白平菇

4. 白玉木耳

起源分类 又名玉木耳、白木耳等。归属担子菌亚门，层菌纲，木耳目，木耳科。主要分布于我国东北、山东一带。

生长习性 子实体耳状或贝壳状，白色，光滑，肉厚，菌肉白色、胶质。耳片直径4～8 cm，圆柱状，有弹性，腹面平滑下凹，边缘略上卷，背面凸起，并有纤细的绒毛。孢子无色，光滑，亚球形。夏秋季于腐木上丛生。该菌分解木质素、纤维素、半纤维素的能力较强，可利用玉米芯、棉籽壳、甘蔗渣、木屑等进行栽培。生产中加入玉米粉、麦麸、糖、石膏等营养物质可提高其产量。

应用价值 白玉木耳色白如玉、味道鲜美，含有大量碳水化合物、蛋白质、铁、钙、磷、胡萝卜素、维生素等营养物质，富含人体蛋白质所需的氨基酸的17种，以及含有丰富的微量元素。研究表明，白玉木耳具有补血、润肺、降血脂等功效；膳食纤维含量较高，故对胃肠蠕动、消化吸收均有较好的帮助和促进作用。白玉木耳是由吉林农业大学李玉院士团队选育的食用菌品种，属于中高档菌类品种之一，驯化栽培技术多采用全熟料栽培，极具市场发展前景。

袋栽白玉木耳

人工栽培

白玉木耳人工栽培图

5. 鲍鱼菇

起源分类 又名高温平菇等。归属担子菌亚门，层菌纲，伞菌目，侧耳科。主要分布在我国南方地区。

生长习性 子实体叠生或近丛生。菌盖直径5～15 cm，厚0.5～1 cm，半圆形或扇形，中部略凹，表面有刚毛状囊体，菌盖颜色暗灰色。菌肉较薄，白色，菌褶延生，不等长。菌柄长4～6 cm，内实，基部常伴有黑色孢梗束。孢子印奶油色，孢子无色，近圆柱形。于夏秋季节发生量较多，属中高温型菌。该菌分解木质素、纤维素、半纤维素的能力较强，可利用木屑、玉米芯、棉籽壳、甘蔗渣、稻草、麦秸等进行栽培。生产中加入玉米粉、麦麸、糖、石膏等营养物质，可提高其产量。

应用价值 鲍鱼菇菌肉致密，纤维含量较丰富，质脆且特有似鲍鱼香味。该菇富含多种营养成分，其中必需氨基酸的含量较丰富。由于其较耐储藏，同时适合在高温季节栽培，可以作为夏季市场的一种美味珍稀食用菌。鲍鱼菇属于珍稀品种之一，驯化栽培略有难度，栽培技术多采用全熟料栽

野生鲍鱼菇

培，产量一般，但市场售价较高，未来市场前景发展广阔。

野生鲍鱼菇

袋栽鲍鱼菇

袋栽鲍鱼菇

6. 长根奥德蘑

起源分类 又名长根菇等。归属担子菌亚门，层菌纲，伞菌目，白蘑科。主要分布在我国南方地区。

生长习性 子实体单生或群生，菌盖直径 2~8 cm，近圆形，中央脐状突起，并具从中央向四周辐射的条纹，灰黄色至茶褐色，微黏；菌肉白色，薄；菌褶近白色，离生，稀，不等长；菌柄长圆柱形，茶褐色，内松软，长5~15 cm，直径 0.3~0.8 cm；基部有延长的假根。孢子无色、透明、近圆形。常于夏秋生于阔叶林与丛林地上，可广泛分解多种农业废弃原料，如木屑、棉籽壳、玉米芯、米糠、麸皮等。喜欢微酸性潮湿的土壤，出菇需温差刺激。

野生状态图

应用价值 肉质细嫩，香脆适口，味道鲜美，在四川有"水鸡枞"之称，含有丰富的蛋白质、氨基酸、维生素、微量元素等。常食用有降血压的作用，据记载同其他降压药配合，降压效果显著，该菇对小白鼠 癌症也有明显抑制作用。市场前景上升空间很大。长根奥德蘑属于珍稀品种之一，驯化栽培较难，栽培技术多采用全熟料或发酵料，并结合覆土进行栽培，目前已有少量栽培，市场上不多见。该菇产量较好，市场售价较高，开发前景较好。

人工栽培状态图

箱栽图

畦床栽培图

7. 长裙竹荪

起源分类 又名竹姑娘、竹笋菌等。归属担子菌亚门，腹菌纲，鬼笔目，鬼笔科。主要分布在我国福建、四川、江苏、浙江、云南、贵州一带。

生长习性 子实体单生或群生，菌盖钟形，顶端有孔，表面呈白色蜂窝状，有暗绿色发黏微臭的孢子液，直径 3~5 cm；菌裙网格状，白色，沿菌盖边缘下垂 10 cm 左右；菌柄圆柱形，白色，中空，海绵质，长 5~15 cm，直径 2~3 cm；菌托鞘状，白色；菌蕾近球形，灰白色；孢子无色，椭圆形。常于春、秋生于竹林地。可分解竹木片、木屑、玉米芯、棉籽壳、麸皮等。该菌喜阴暗潮湿的中温环境。

子实体状态图

【应用价值】长裙竹荪形态婀娜，肉质脆嫩，味道清香、营养丰富，含多种人体必需氨基酸、维生素和矿质元素，经常食用可增强人体免疫力、清热止咳，滋补强壮、益气补脑、宁神健体，降血糖、降血脂，对预防肿瘤的发生有一定功效，是我国著名的珍稀食用菌品种之一，是国宴中不可缺少一种的食材。长裙竹荪属于珍稀品种之一，驯化栽培较难，栽培技术多采用畦床式生料结合覆土进行栽培。该菌驯化栽培略有难度，产量一般，但市场售价较高，开发前景较好。

工厂化栽培图（王建民供）

菌蕾状态图

畦床栽培图

筐栽图

8. 大杯伞

起源分类 又名大杯蕈、红银盘等。归属担子菌亚门，层菌纲，伞菌目，白蘑科。主要分布在我国山西、河北、吉林、四川一带。

生长习性 子实体中等至大型，菌盖直径 10~25 cm，土黄色，漏斗形；菌肉白色，厚 1~3 cm；菌褶白色，窄，直生；菌柄圆柱形，上部污白色，基部棕褐色，内部松软，长 5~15 cm，直径 1~3 cm；孢子无色、光滑、椭圆形。常于 7—10 月发生于林地上。大杯伞可以利用的原料很多，木屑、稻草、麦秸、甘蔗渣、棉籽壳等都可栽培。加入适量麦麸、玉米粉、石灰、石膏等，可以提高产量。大杯伞喜高温、高湿，生长期通常 40~60 d。

野生状态图

【应用价值】子实体脆嫩、味道鲜美，含丰富的氨基酸，据测定，大杯伞含有的 8 种人体必需氨基酸占人体氨基酸总量的 45％，较一般食用菌高；此外，大杯伞子实体中还含有若干种对人体有益的微量元素，如钴、钡、铜、锌、磷、铁、钙等，其中多数元素对于调节人体营养平衡、促进代谢、提供机能等方面，有着其他元素不可替代的重要作用。大杯伞属于珍稀品种之一，驯化栽培较难，多采用半熟料栽培或全熟料结合覆土进行栽培。产量较高，市场售价有待开发，前景较好。

瓶栽方式图

袋栽方式图

袋栽方式图

9. 短裙竹荪

起源分类 又名竹荪、竹姑娘等。归属担子菌亚门，腹菌纲，鬼笔目，鬼笔科。主要分布我国在福建、四川、江苏、浙江、云南、贵州一带。

生长习性 子实体单生或群生，菌盖钟形，顶端有孔，表面呈白色蜂窝状，有暗绿色发黏微臭的孢子液，直径 2~5 cm；菌裙网格状，白色，沿菌盖边缘下垂 3~5 cm；菌柄圆柱形，白色，中空，海绵质，长 5~15 cm，直径 2~3 cm；菌托鞘状，白色；菌蕾近球形，灰白色；孢子无色，椭圆形。春、秋常着生于竹林地。可分解竹木片、木屑、玉米芯、棉籽壳、麸皮等。该菌喜阴暗潮湿的中温环境。

野生状态图

应用价值 同长裙竹荪一样形态婀娜，肉质脆嫩，味道清香、营养丰富，含多种人体必需氨基酸、维生素和矿质元素，常食用可增强人体免疫力、清热止咳，滋补强壮、益气补脑、宁神健体，降血糖、降血脂，对预防肿瘤的发生有一定功效，是我国著名的珍稀食用菌品种之一，是国宴中常用到的食材。短裙竹荪属于珍稀品种之一，驯化栽培较难，栽培技术多采用畦床式生料结合覆土进行栽培。该菌驯化栽培略有难度，产量一般，但市场售价较高，开发前景较好。

野生状态图　野生状态图

畦床栽培图

10. 分枝猴头菌

起源分类 又名雪茸、梳状猴头等。归属担子菌亚门，层菌纲，非褶菌目，猴头菌科。主要分布在我国四川、贵州、青海、云南、东北一带。

生长习性 子实体常单生，中等大，不规则多分枝，珊瑚状，丛宽10~18 cm，白色，肉质；菌刺长于分枝周围，密，长0.1~0.3 cm；菌肉白色，由若干分枝状菌丝体组成；孢子无色，近球形。夏秋季常着生栎树、胡桃等树木的枝杆、枯枝或树桩上。可分解阔叶树木屑、棉籽壳、玉米芯、蔗渣、麸皮、稻糠等营养物质。喜欢潮湿阴暗的环境，发生适宜温度13~18℃；喜欢相对偏酸的基质环境。

野生状态图

【应用价值】分枝猴头菌外形婀娜优美，肉质鲜嫩、美味可口，性平味甘，同猴头菇一样具有很高的食药用价值，富含多种蛋白质、氨基酸、矿物质等，常食有助消化，健脑提神，治疗神经衰弱、胃炎和胃溃疡等功效；属菌中佳品，是我国正在开发的珍稀野生菌之一。多采用全熟料模式进行栽培。其驯化栽培略有难度，产量一般，目前市场占有份额低，但市场售价较高，发展前景较好。

瓶式栽培图

袋式栽培图

11. 凤尾菇

起源分类 又名凤尾侧耳、漏斗状平菇等。归属担子菌亚门，层菌纲，伞菌目，侧耳科。我国各地均有分布。

生长习性 子实体叠生或单生。菌盖直径5～18 cm，厚0.5～1 cm，半圆形或扇形，成熟时边缘呈波浪式卷曲，菌盖颜色灰白或灰色。菌肉较薄，白色，菌褶延生，紧密、不等长。菌柄白色，侧生，长3～10 cm，内实。孢子印白色，孢子无色，长卵圆形。夏秋季节发生量较多，属中高温型菌。该菌分解木质素、纤维素、半纤维素的能力很强，可利用玉米芯、棉籽壳、甘蔗渣、木屑、稻草、麦秸等进行栽培。生产中加入玉米粉、麦麸、糖、石膏等营养物质可提高其产量。

野生凤尾菇图

应用价值 凤尾菇味道鲜美，营养丰富。含有人体所必需的 8 种氨基酸，其含量占所有氨基酸总量的 35 ％以上，比平菇高。鲜凤尾菇每百克含维生素 C 高达 33 mg，有助于提高人体免疫功能。凤尾菇含有的一些生理活性物质，可诱发干扰素的合成，含有维生素 B_1、维生素 B_2、尼克酸、多种矿物质，可提高人体免疫力和具备抗癌、防癌的作用，同时它也属于高蛋白、低脂肪的菌类，具有降低胆固醇的作用，是人们理想的健康食品。凤尾菇属于市场认可品种之一，市场前景稳定。多采用全熟料、发酵料、半熟料进行栽培。易驯化，产量较高，市场售价存在地区差异，待开发，前景较好。

人工栽培凤尾菇图

12. 茯苓

起源分类 又名松苓、松茯苓、云苓等。归属担子菌亚门，层菌纲，非褶菌目，多孔菌科。全国大部分省份均有分布。

生长习性 子实体常平伏贴生于菌核表面生长，海绵状或蜂窝状，厚0.3～0.8 cm，白色，老熟后变淡褐色；孢子无色，近圆形。菌核为不规则的块状，表面皮层硬，黄褐色至土黄色，有瘤状突起，直径10～30 cm，肉质白色或淡粉色，内为粉粒状组织。属腐生菌，兼有寄生菌的特性，常着生于松属等植物的根上。菌核的形成喜欢相对干燥温暖的阴暗环境，发生适宜温度为20～30℃；喜沙量高的基质环境。

野生茯苓菌核图

【应用价值】茯苓是我国传统的天然滋补药物，性平味甘，具有很高的食药用价值，常食有利尿治水肿，益脾胃，宁心神，降血糖，提高免疫力，治疗膀胱癌、胃癌、乳腺癌等功效；属菌中佳品，为我国著名的野生药用菌之一。栽培技术多采用做窖法，选向阳坡地，挖栽培窖，将处理好的菌材埋入窖内，同时将培养好的茯苓菌种接种到木段上，之后覆沙质土培养。市场前景稳定，发展前景空间较好。

人工栽培茯苓菌核图

人工栽培茯苓菌核图

13. 革耳

起源分类 又名桦树蘑、野生革耳、枫树菇等，归属担子菌亚门，层菌纲、伞菌目、侧耳科。全国均有分布。

生长习性 子实体小至中等稍大，菌盖常呈圆形，中部近漏斗状，直径 2～9 cm，土黄色至棕褐色，表层被绒毛，革质。菌褶白色至奶油色，后变棕黄色，延生，稠密。菌柄偏生或近侧生，与菌盖同色，内部实心、较短，长 0.5～2 cm，直径 0.2～1 cm。孢子椭圆形，无色，光滑。属腐生菌，于夏秋季生于柳、桦等树木的腐木上，丛生或群生，为中高温型菌。该菌分解木质素、纤维素、半纤维素的能力较强，可利用玉米芯、棉籽壳、甘蔗渣、木屑等进行栽培。

应用价值 幼时可食用，但味差。此菌试验抗癌，对小白鼠肉瘤的抑制率为 60%，对艾氏癌的抑制率为 70%。革耳侵害多种阔叶树木、木材、倒木、枯木、枕木木质腐朽，形成白色海绵状腐朽，是木耳、毛木耳、香菇段木栽培时的杂菌，可大量采集，自然风干后碾成粉状可作为调味品。黄年来曾在书中介绍高加索地区曾用本菌生产一种著名的"爱兰"发酵奶制品。多采用全熟料、半熟料和段木栽培，产量一般，目前市场上鲜有，需开发，有一定发展前景。

革耳

革耳幼期

14. 桂花耳

起源分类 又名橙耳、匙盖假花耳等，归属担子菌亚门，异隔担子菌纲，花耳目，花耳科。我国大部分省份均有分布。

生长习性 子实体丛生或群生，呈桂花状，有偏生的小柄，高0.5～1.5 cm，宽0.5～1 cm，橙黄色，基部深棕色，被细绒毛，延伸入腐木裂缝中；菌肉淡黄色，半透明，胶质；孢子无色、椭圆形。属木腐菌，春至晚秋生于杉木等针叶树倒腐木或木桩上，成群或成丛生长，可分解多种农业废弃原料，如阔叶木屑、棉籽壳、麸皮等。该菌喜阴暗潮湿的中高温环境。

野生桂花耳图

应用价值 桂花耳肉质柔嫩，味道独特，营养较高，含多种人体必需氨基酸、维生素和矿质元素，尤其含胡萝卜素较多，有一定药用价值。经常食用可增强人体免疫力，清心明目，美容养颜，预防心血管疾病等，是我国很有开发前景的食用菌品种之一。多采用全熟料栽培，产量一般，驯化栽培有一定难度，目前主要野外采集，售价较高，目前尚未商业化开发，发展前景广阔。

野生桂花耳图

15. 荷叶离褶伞

起源分类 又名荷叶蘑、冷香菌等，归属担子菌亚门，异隔担子菌纲，伞菌目，白蘑科。主要分布在我国四川、贵州、云南、东北三省一带。

生长习性 子实体丛生，菌盖直径 5～10 cm，初半球形，后至平展，茶褐色，边缘有不规则的浅裂纹，波状；菌肉白色，较厚；菌褶白色，弯生，稍密，不等长；菌柄中生或偏生，圆柱形，基部膨大，白色，往下渐变深棕色，内实，长 3～10 cm，直径 0.5～2 cm。孢子无色、光滑、近球形。常于夏秋季发生在阔叶林地上。喜欢腐殖质丰富的土壤，生长可利用棉籽壳、阔叶木屑、麸皮、玉米粉等。发生的环境温度为 15～25℃，喜湿，喜微酸性的基质环境，出菇需有一定的温差刺激。

野生荷叶离褶伞图

应用价值 该菇菌肉肥厚细嫩，菇香扑鼻，味道鲜美，是我国珍稀的优良野生菌之一。该菇性平、味甘，含有较多的维生素、氨基酸和矿物质等，据测定，其富含的氨基酸和矿物质高于我们常吃的香菇、双孢蘑菇、金针菇等。该菇在未来市场上将有极大的上升空间。多采用全熟料结合覆土栽培，该菌驯化栽培较难，主要依靠野生采集，产量一般，市场少见，销售售价需开发，前景较好。

子实体图

16. 黑木耳

起源分类 又名木耳、光木耳等，归属担子菌亚门，异隔担子菌纲，木耳目，木耳科。全国均有分布。

生长习性 子实体常单生，群生或簇生，耳状、盘状，亦或其他形状，宽3~10 cm，背面棕褐色，被极短绒毛；腹面黑褐色，干后可见白色霜状物。菌肉半透明，茶色，薄，胶质；无柄，有耳基；孢子无色、腊肠形。属木腐菌，秋、春常着生于多种枯死的阔叶木枝上。可分解多种农业废弃原料，如木屑、玉米芯、棉籽壳、黄豆粉、麸皮等。该菌喜干湿交替和中低温环境。

应用价值 黑木耳肉质柔嫩，味道爽口，营养丰富，含多种人体必需氨基酸、维生素和矿质元素，其体内铁、钙含量高于其他食用菌；经常食用可补气血，增强人体免疫力，益肠胃，降血糖，降血脂，可抑制血小板凝集的发生，是

袋栽黑木耳

我国著名食用菌品种之一。多采用全熟料，段木栽培等方式，其驯化栽培容易，产量较高，市场占有量大，售价稳定，前景较好。

野生黑木耳图

吊袋栽培方式图

露地摆放栽培方式图

17. 黑芝

起源分类 又名黑灵芝、黑云芝等，归属担子菌亚门，层菌纲，非褶菌目，灵芝科。主要分布在我国云南、贵州、四川、福建一带。

生长习性 子实体常单生或丛生，小至中等大，菌盖半圆形、肾形或扇形，具同心环沟，可见辐射状细纹，宽 4～6 cm，菌盖黑色或棕黑色，具漆样光泽；菌管短，初污白色，后期暗褐色，管孔细小，近圆形；菌肉褐色，木质；菌柄近圆柱形，与盖同色，长 3～8 cm，直径 0.4～1 cm，偏生或侧生，具漆样光泽；孢子褐色，卵形。属腐生菌，兼有寄生菌的特性。夏秋季常着生栎树、柞树等阔叶树的树桩、倒木上。能广泛分解多种农业下脚料，如硬杂木屑、玉米芯、棉籽壳，甘蔗渣、麸皮等。喜欢相对温暖的环境，子实体具趋光性；喜微酸性基质。

野生黑芝图

应用价值 黑芝性平、味淡，有较高的药用价值，其所治病种涉及呼吸、循环、消化、神经、内分泌及免疫等各个系统；涵盖内科、外科、妇科、儿科等疾病。黑芝扶正固本，增强免疫功能，经常饮用其浸泡液汁，可降血压、降血脂、降血糖、缓解神经衰弱，失眠，消化不良，心脑血管等疾病；黑芝是菌中保健佳品，是我国传统的药用菌之一。多采用全熟料，段木栽培等方式，最好覆土。在驯化栽培中稍有难度，该菌产量一般，主要应用在医药领域，前景较好。

野生黑芝图

人工栽培黑芝图

18. 红平菇

起源分类 又名桃红侧耳、桃红菇等，归属担子菌亚门，层菌纲，伞菌目，侧耳科。主要分布在我国南方地区。

生长习性 子实体叠生或近丛生。菌盖直径 3～14 cm，厚 0.5～1 cm，初期贝壳状或扇形，边缘内卷，伸展后边缘呈波浪状，表面有细绒毛或近光滑，初粉红色，后变近白色或红色。菌肉较薄，带粉红色或与菌盖同色，菌褶稍密，延生，不等长。菌柄一般不明显或很短，长 1～2 cm，被白色绒毛。孢子印带粉红色；孢子光滑，无色，近圆柱形。属木腐菌，夏秋季节发生量较多，属中高温型菌。该菌分解木质素、纤维素能力较强，可利用玉米芯、棉籽壳、甘蔗渣、稻草、麦秸等进行栽培。生产中加入玉米粉、麦麸、糖、石膏等营养物质。

野生红平菇

【应用】【价值】红平菇味道较好、略带虾味，纤维含量较丰富。该菇富含多种营养成分和矿质元素，同时也是高蛋白、低脂肪的食品，经常食用可增强人体免疫力、预防心脑血管疾病等，有治疗痢疾和肠道疾病的功效，是一种既有营养又具观赏价值的珍稀食用菌。红平菇属于珍稀品种之一，市场前景广阔。多采用全熟料和发酵料栽培方式。驯化栽培容易，产量一般，多见于大中城市，市场和消费群体仍需进一步开发，前景较好。

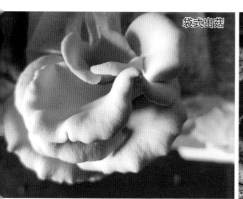
袋式出菇

红平菇原基

红平菇子实体图

红平菇子实体图

19. 猴头菇

起源分类 又名猴头菌、猬菌、猴头等，归属担子菌亚门，层菌纲，非褶菌目，猴头菌科。全国大部分省份均有分布。

生长习性 子实体常单生，中等大，不规则球形，宽 5～15 cm，白色，干后变为米黄色，被柔软菌刺，长 1～3 cm；菌肉白色，由若干分枝状菌丝体组成；孢子无色，近球形。属腐生菌，夏秋季常着生栎树、胡桃等树木的枝杆、枯枝或树桩上。可分解阔叶树木屑、棉籽壳、玉米芯、甘蔗渣、麸皮、稻糠等营养物质。喜欢潮湿阴暗的环境，发生适宜温度为 15～20℃；喜欢相对偏酸的基质环境。

野生猴头菇

【应用价值】猴头菇肉质柔软、肥厚，清香可口，微苦，具有较高的食药用价值，富含多种蛋白质、氨基酸、矿物质等，常食有助消化、健脑提神、治疗神经衰弱等功效；其体内多糖对胃病、胃炎和胃溃疡等均有较好的防治效果，属菌中佳品，是我国著名的传统野生菌之一。多采用全熟料栽培方式。其驯化栽培略有难度，目前市场占有份额低，供不应求。该菌产量较高，售价较高，市场前景较好。

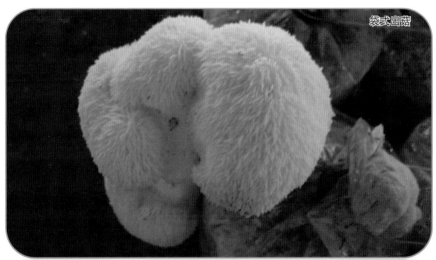

袋式出菇

袋式出菇

20. 虎皮香菇

起源分类 又名豹斑菇、斗菇、虎纹香菇等，归属担子菌亚门，层菌纲，伞菌目，侧耳科。主要分布在我国江苏、浙江、云南、贵州一带。

生长习性 子实体中等至稍大，菌盖呈圆形，中部近漏斗状，直径2.5～13 cm，白色至淡黄色，被浅褐色翘起的鳞片，中部较多，边缘较少。菌肉白色，薄，有香味。菌褶白色，后变棕黄色，延生，稠密。菌柄中生或偏生，弯曲呈圆柱形，上部白色，靠近基部渐呈棕褐色，长2～5 cm，直径

虎皮香菇野生状态图

0.5～1.5 cm，内部实心，纤维质感强。孢子长椭圆形，无色，光滑。属木腐菌，于夏秋季节发生量较多，属中高温型菌。该菌分解木质素、纤维素、半纤维素的能力较强，可利用木屑、玉米芯、棉籽壳、甘蔗渣等进行栽培。

应用价值 虎皮香菇味道有香菇风味，营养较丰富。含有人体所必需的氨基酸、维生素和多种矿物质，具有提高人体免疫力和抗癌、防癌的作用，属于高蛋白、低脂肪的菌类，值得一提的是其菌柄内纤维含量较高，可满足人们对膳食纤维的需求，经常食用有清肠、通便的功效，是理想的健康食品。虎皮香菇属于珍稀品种之一，其驯化栽培较困难，市场占有份额较少，产量一般，主要靠野外采集，有一定开发前景。

虎皮香菇野生状态图

21. 滑菇

起源分类 又名滑子蘑、珍珠菇、光帽鳞伞等，归属担子菌亚门，层菌纲，伞菌目，球盖菇科。主要分布在我国山西、河北、四川和东北一带。

生长习性 子实体丛生，菌盖直径 3~8 cm，黄色，扁半球形，后平展，光滑，分泌黏液；菌肉淡黄色，中部厚；菌褶黄色，密，不等长，直生；菌柄圆柱形，上部白色，向下渐变为谷黄色，内实，长 3~5 cm，直径 0.5~1 cm；菌环膜质、易脱落。孢子锈色、光滑、椭圆形。属木腐菌，秋春常着生于各种枯死的阔叶木枝上。可分解多种农业废弃原料，如木屑、棉籽壳、玉米芯等。该菌喜高湿环境，子实体喜欢在冷凉的环境下

滑菇幼蕾期

形成。滑菇抗杂菌能力强，适应性广，是我国大量栽培品种之一。

应用价值 味道鲜美、黏润爽口，肉质细腻，营养丰富，含 8 种人体必需氨基酸和多种维生素和矿质元素，子实体含有多糖，有一定药用价值。经常食用可增强人体免疫力、预防肿瘤的发生。滑菇属于东北地区特有品种之一，其驯化栽培较容易，多采用半熟料和全熟料栽培方式。该菇产量高，市场售价较高，发展较稳定。

滑菇成熟期

袋式出菇

22. 槐耳

起源分类 又名槐栓菌、槐莪等，归属担子菌亚门，层菌纲，非褶菌目，多孔菌科。主要分布在我国辽宁、河北、陕西等省。

生长习性 子实体常覆瓦状叠生，半圆形至扇状，边缘波浪状起伏，宽 5~15 cm，较厚，灰色或淡黄色，具有明显或较浅的暗色花纹，表面光滑。菌肉白色，木栓质，具香味；菌管白色，管口圆形；孢子无色，光滑，近球形。属腐生菌，夏秋常着生于槐、洋槐等阔叶树干、树桩上。可分解多种农业废弃原料，如玉米芯、木屑、棉籽壳、麸皮等。喜欢相对温暖潮湿的环境，发生适宜温度在 20~30℃。

槐耳幼蕾期

应用价值　槐耳是我国传统的药用菌，具有较高的药用价值，味苦性平，富含的多糖对治疗肝类疾病有明显效果；同时对治痔疮、便血、脱肛功效显著，具有增强人体免疫力，抗癌等功效，是很有发展前景的野生药用菌之一。其驯化栽培较容易，多采用半熟料和全熟料栽培方式，但产量一般，目前多应用于医药市场，市场待进一步开发。

槐耳成熟期

槐耳老熟期

槐耳不同生长阶段图

23. 黄伞

起源分类 又名柳蘑、黄蘑、多脂鳞伞、黄丝菌等，归属担子菌亚门，层菌纲，伞菌目，球盖菇科。主要分布在我国山西、河北、山东、陕西、东北一带。

生长习性 子实体单生或丛生，菌盖直径 3~8 cm，蛋黄色，被褐色反卷鳞片，表面黏滑，扁半球形，后渐平展；菌肉近白色，中间厚、边缘薄；菌褶暗黄色至锈色，稍密，不等长直生；菌柄圆柱形，纤维质，内实，长 5~15 cm，直径 0.5~3 cm，与盖同色，被褐色反卷鳞片；具膜质易脱落的菌环。孢子锈色、椭圆形。属木腐菌，春夏秋常着生于杨、

野生黄伞

柳等阔叶树的木枝、树干上。可分解多种农业废弃原料，如木屑、棉籽壳、玉米芯、麦麸等。喜欢高湿和中低温的环境条件。

应用价值 菌肉肥厚、软嫩，具有特殊香味。黄伞营养丰富，含多种人体必需氨基酸和多种维生素和矿质元素，子实体含有多糖，有一定药用价值。经常食用可增强人体免疫力、预防肿瘤、抗癌，是非常有发展前景的珍稀菌类之一。多采用半熟料和全熟料栽培方式。其驯化栽培略有难度，产量一般，市场售价较高，开发前景较好。

野生黄伞

人工栽培黄伞

黄伞子实体

24. 灰树花

起源 分类 又名栗蘑、莲花菌、舞茸等，归属担子菌亚门，层菌纲，非褶菌目，多孔菌科。全国大部分省份均有分布。

生 长 习 性 子实体常单生，大型，由若干小菌盖围绕主轴分枝形成花朵状，丛径 25～45 cm；小菌盖匙形或扇形，灰黑色，老后光滑，具放射性条纹；菌肉白色，薄；菌管淡黄色，管口多角形，延生；孢子无色，卵形至椭圆形。属腐生菌，夏秋季常着生栎树、板栗、胡桃等树木的枝杆、枯枝或树桩上。可分解阔叶树木屑、棉籽壳、玉米芯、甘蔗渣、麸皮、稻糠等营养物质。喜欢潮湿阴暗的环境，发生适宜温度在 15～20℃；喜欢相对偏酸的基质环境。

野生灰树花

【应用价值】灰树花肉质柔软、清香可口，脆似玉兰、味如鸡丝，具有较高的食用、药用价值，富含多种蛋白质、氨基酸、矿物质等，尤以富含 B 族维生素和维生素 E。常食有抑制肿瘤的效果，其体内的多糖还可治疗水肿、肝硬化和糖尿病等，属菌中佳品，是我国传统食用菌之一。目前栽培技术多采用半熟料和全熟料栽培方式。其驯化栽培略有难度，该菌产量较高，占有一定市场份额，售价较高，前景较好，发展空间广阔。

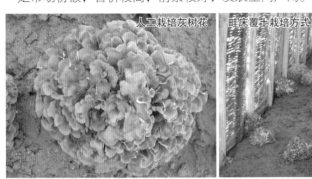

人工栽培灰树花

畦床覆土栽培方式

袋式栽培

袋式栽培

25. 金耳

又名金木耳、黄金银耳等，归属担子菌亚门，异隔担子菌纲，银耳目，银耳科。主要分布在我国南方地区。

子实体常单生或群生，中等大小，呈脑状或瓣裂状，丛径8~20 cm，橘黄色，表面光滑；菌肉淡黄色，薄，胶质；无柄，常延树皮贴生；孢子近淡黄色，卵形。属木腐菌，秋春常着生栎树等枯死的木枝上。可分解多种农业废弃原料，如木屑、棉籽壳、麸皮等。该菌喜阴暗潮湿的中低温环境，适宜温度在18~25℃；栽培中还需植入金耳的伴生菌丝——毛韧革菌，否则金耳难以形成。

野生金耳

【应用价值】金耳肉质柔嫩，味道鲜美、性温味甘，营养丰富，是珍贵的滋补品。含有多种人体必需氨基酸、维生素和矿物质元素，子实体含有丰富的多糖，有较高的药用价值。经常食用可增强人体免疫力、清热止咳，有治疗气喘、痰多、高血压和肺结核等功效，是我国著名食用菌品种之一。多采用全熟料和段木栽培方式，驯化栽培较困难，该菌产量一般，占有市场份额低，但售价较高，前景较好。

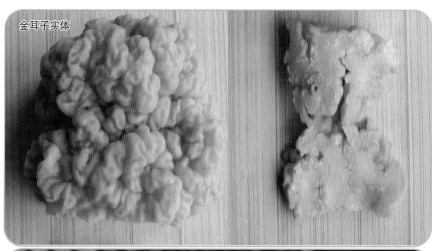

金耳子实体

袋栽金耳图

26. 金针菇

起源分类 又名金钱菌、朴菇、构菌等，归属担子菌亚门，层菌纲，伞菌目，白蘑科。全国均有分布。

生长习性 子实体丛生，菌盖直径2～8 cm，分白色和黄色两大品系，黄色品系呈米黄色，白色品系呈白色；菌肉白色、薄；菌褶白色或带黄色，较密、弯生；黄色品系菌柄上部米黄色，下部暗褐色，基部常有绒毛；白色品系菌柄为白色、内松软至空，长3.5～15 cm，直径0.2～0.6 cm；孢子无色、光滑、圆柱形。属低温型木腐菌，秋冬春常着生于各种枯死的阔叶木枝上，喜低温。可广泛分解多种农业废弃原料，如木屑、秸秆、棉籽壳、玉米芯、稻草等，该菌抗杂菌能力强，适应性广，是我国大量栽培品种之一。

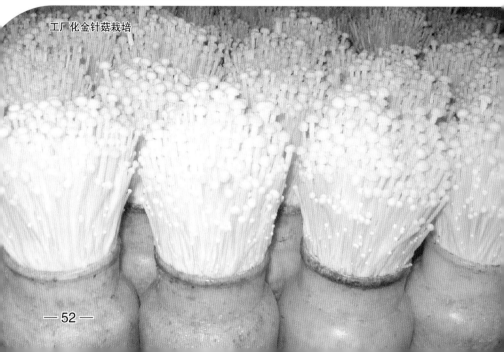

工厂化金针菇栽培

应用价值 金针菇味道鲜美、滑嫩，营养丰富，含8种人体必需氨基酸和多种维生素和矿质元素，尤其是赖氨酸和锌的含量较高，具有促进儿童智力发育和健脑的功能，因此有"益智菇"和"增智菇"的美誉。经常食用还可抑制血脂升高，降低胆固醇，防治心脑血管疾病，适合心脑血管病患者、肥胖者、中老年人和幼儿食用，市场前景较好。多采用全熟料栽培方式，驯化栽培略有难度。该菇产量高，市场普及率和认可度高，售价稳定，较畅销，发展前景较好。

袋栽金针菇

瓶栽金针菇

27. 裂褶菌

起源分类 又名白参、天花蕈、鸡毛菌等，归属担子菌亚门，层菌纲，伞菌目，裂褶菌科。全国均有分布。

生长习性 子实体小型，群生或散生，菌盖直径 1～4 cm，扇形，初期白色至灰白色，老熟后呈灰褐色或黄褐色，表面被绒毛；菌肉白色，薄；菌褶灰白色，由基部辐射状长出；无柄；孢子无色，棒形。属木腐菌，春夏秋常着生于各种阔叶林木的枯枝、树桩、倒木上。可以分解木屑、棉籽壳、米糠等，喜欢高湿和中高温的环境。

野生裂褶菌

应 用 价 值 菌肉柔软，菇香独特。把该菌拌凉菜用，有别样风味。经常食用有医治妇女白带过多，神经衰弱，头昏耳鸣，盗汗等功效。多采用全熟料、发酵料和段木栽培，驯化栽培较容易。该菌在医药领域有一定市场，主要靠液体发酵培养提取其营养成分，有一定发展前景。

野生裂褶菌

野生裂褶菌

28. 灵芝

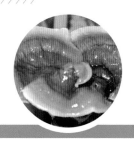

起源分类 又名赤芝、丹芝、万年蕈等，归属担子菌亚门，层菌纲，非褶菌目，灵芝科。全国大部分省份均有分布。

生长习性 子实体常单生或丛生，中等至大形，菌盖半圆形或扇形，具同心环沟，宽 5～20 cm，菌盖初橘黄色，后变红褐色，具光泽；菌管短，污白色，管孔细小，近圆形；菌肉黄褐色，木质；菌柄近圆柱形，红褐色，长 5～10 cm，直径 1～3 cm，偏生或侧生，具漆样光泽；孢子淡褐色，卵形。属腐生菌，兼有寄生菌的特性。夏秋季常着生栎树、柞树等阔叶树的树桩、倒木上。能广泛分解多种农业下脚料，如硬杂木屑、玉米芯、棉籽壳、蔗渣、麸皮等。喜欢相对温暖的环境，发生适宜温度在 20～26℃；子实体具趋光性；喜微酸性基质。

灵芝原基

应用价值 灵芝性平、微苦，具有较高的药用价值，富含多种氨基酸、矿物质、多糖等，经常饮用其浸泡液汁，有提高人体免疫力，降血压，降血脂，降血糖，治疗慢性气管炎，哮喘，冠心病，抗衰老等功效；属菌中保健佳品，是我国传统的药用菌之一。多采用全熟料和段木栽培方式，最好结合覆土栽培，其驯化栽培容易。市场占有一定份额，多在医药、保健领域和盆景市场，产量较高，市场售价稳定，认可度高，前景较好。

正在生长的灵芝

成熟灵芝（表层分泌物为孢子粉）

灵芝孢子粉收集

灵芝观光园

29. 硫磺菌

起源分类 又名鸡冠菌、硫色多孔菌等，归属担子菌亚门，层菌纲，非褶菌目，多孔菌科。全国大部分省份均有分布。

生长习性 子实体常覆瓦状叠生，半圆形至扇状，边缘波浪状缓起伏，宽 5~15 cm，较厚，橙黄色至橘红色，被细绒毛，表面稍粘手。菌肉白色或淡黄色，肉质；菌管浅黄色，管口多角形；孢子无色，卵圆形。属腐生菌，夏秋常着生于栎、李、梨等多种阔叶树枯木、树桩上。可分解多种农业废弃原料，如玉米芯、木屑、棉籽壳、麸皮等。子实体的形成喜欢相对温暖潮湿的环境，发生适宜温度在 20~28℃。

野生幼菌期

应用价值 硫磺菌幼时菌肉肥厚，味道鲜美，独具特色，性温味甘，具有较高的食、药用价值，经常食用有提高免疫力，抑制肿瘤，治疗乳腺癌，前列腺癌等功效，是很有发展前景的野生药用菌之一。多采用全熟料和段木栽培方式，偶有人也将硫磺菌菌种接到段木上进行栽培，驯化栽培有一定难度。该菌产量一般，市场鲜见，有待进一步开发，前景较好。

野生状态图（引自夏国京）

30. 鹿角灵芝

起 源 分 类 又名灵芝草、鸡爪灵芝、鹿角芝等，归属担子菌亚门，层菌纲，非褶菌目，灵芝科。主要分布于海南、云南、贵州一带。

生 长 习 性 子实体常单生或散生，小型至中等大小，多分枝，鹿角状，红褐色至黑褐色，长 5~20 cm，直径 1~3 cm；小菌盖匙形，初白色，后黄褐色，老后光滑；菌肉黄褐色，木质；菌管黄褐色，管口近圆形；孢子浅褐色，卵圆形。属腐生菌，夏秋季常着生于阔叶树木的枝杆、枯枝或树桩上。可分解阔叶树木屑、棉籽壳、玉米芯、蔗渣、麸皮、稻糠等营养物质。喜欢潮湿阴暗的环境，发生适宜温度在 25~30℃；喜欢偏酸的基质环境。

袋栽模式

　　应用价值　鹿角灵芝性平、微苦，具有较高的药用价值，富含多种氨基酸、矿物质、多糖等，经常饮用其浸泡液汁，有治疗慢性气管炎，哮喘，冠心病，糖尿病，抗衰老等功效；属菌中保健佳品，是我国正在开发的著名野生药用菌之一。多采用全熟料栽培方式，其驯化栽培略有难度。该菇产量较高，市场售价较高，前景较好，上升空间较大。

袋栽模式

生长中的鹿角灵芝

袋栽模式

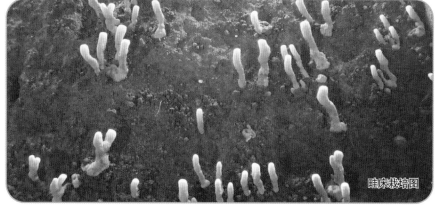

畦床栽培图

31. 毛木耳

起源分类 又名白背木耳、沙木耳等，归属担子菌亚门、异隔担子菌纲，木耳目，木耳科。全国均有分布。

生长习性 子实体常单生，群生或簇生，阔而肥厚，猪耳状或盘状，亦或其他形状，宽 3～15 cm，背面灰白色，被极短绒毛；腹面黑灰色。菌肉半透明，茶色，较厚，胶质，有韧性；无柄，有耳基；孢子无色、光滑、圆柱形。属木腐菌，秋春常着生于多种枯死的阔叶木枝上。可分解多种农业废弃原料，如木屑、玉米芯、棉籽壳、黄豆粉、麸皮等。该菌喜干湿交替和中温环境。

应用价值 毛木耳肉质脆嫩，口感较好，营养丰富，含多种人体必需氨基酸、维生素和矿质元素，铁、钙含量较高；同黑木耳具相似的食用价值，常食可补气血，增强人体免疫力，益肠胃，降血糖，降血脂，抑制血小板凝集的发生，是我国著名食用菌品种之一。

野生毛木耳

多采用全熟料栽培方式，驯化栽培容易，产量较高，市场占有一定份额，市场售价虽低于黑木耳，但凭其独特口感和产量优势，前景较好。

袋栽摆垛出耳模式

袋栽床架出耳模式

袋栽床架出耳模式

32. 牛舌菌

起源分类 又名牛排菌、肝脏菌、猪舌菌等，归属担子菌亚门，层菌纲，非褶菌目，牛舌菌科。主要在我国广东、广西、四川、贵州、云南一带。

生长习性 子实体常单生，肉质、柔软多汁，菌盖长大后呈舌形或匙形，宽5~10 cm，厚0.5~2 cm，初淡红色，后渐变为红褐色或铁锈色，被短绒毛；菌肉淡红色，由若干菌管组成，纤维状；孢子淡红色，近球形。属腐生菌，夏秋季常着生壳斗科等树木的枯枝、树桩上。可分解阔叶树木屑、棉籽壳、麸皮、稻糠等营养物质。喜欢潮湿阴暗的环境，发生温度在18~28℃。

应用价值 该菌肉质肥厚，清香可口，独具风味，具有较高的食、药用价值，富含多种蛋白质、氨基酸、矿物质等，其体内的牛舌菌素为较好的抗生素，经常食用有提高免疫力、降低胆固醇、防癌、抑肿瘤等功效，属菌中佳品，是我国南方地区著名的野生菌之一，驯化栽培较

野生牛舌菌

困难，可尝试使用全熟料进行栽培。该菌市场占有份额低，主要靠野生采集、市场供不应求，售价较高，前景较好。

33. 平菇

起源分类 又名糙皮侧耳、鲜蘑、北风菌等，归属担子菌亚门，层菌纲，伞菌目，侧耳科。我国各地均有分布。

生长习性 子实体覆瓦状丛生，菌盖直径5～20 cm，灰白、青灰、灰色，扁半圆形；菌肉白色，厚1～3 cm；菌褶白色，刀片状、延生；菌柄白色、内实，长1～4 cm，直径1～3 cm，基部常有绒毛；孢子无色、光滑、长椭圆形。属木腐菌，秋春常着生于各种枯死的阔叶木枝上。可广泛分解多种农业废弃原料，如木屑、秸秆、棉籽壳、玉米芯、稻草等，该菌抗杂菌能力强，适应性广，为我国大量栽培品种之一。

应用价值 平菇味道鲜美、营养丰富，含8种人体必需氨基酸和多种维生素和矿质元素，子实体含有多糖，有一定药用价值。经常食用可增强人体免疫力、预防肿瘤的发生。平菇是我国主要生产的品种之一，深受人们喜爱。该菌易驯化栽培，抗杂性强，可采用生料栽培、

桑葚期

发酵料栽培、半熟料栽培和全熟料栽培，产量高，市场售价稳定，发展前景较好。

珊瑚期

出菇期

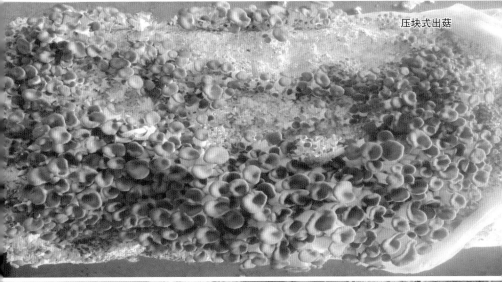
压块式出菇

平菇菌墙出菇

平菇生长各时期图

34. 桑黄

起源分类 又名桑黄菇、树鸡、桑臣等，归属担子菌亚门，层菌纲，非褶菌目，多孔菌科。主要分布于我国东北、华北、西北和四川、云南一带。

生长习性 子实体常呈马蹄状，宽 7~10 cm，较厚，菌盖初灰褐色，表面幼时被细绒毛，后脱落，菌盖变棕褐色，有同心环棱，边缘钝。菌肉暗褐色，木质，坚韧；菌管管口圆形，多层，无明显层次；无柄；孢子近球形，光滑、无色。属木腐生菌，夏秋常着生于桑、杨、柳、栎等多种阔叶树枯木、树桩上，造成木材白腐。可分解多种农业废弃原料，如木屑、棉籽壳、麸皮等。子实体的形成喜欢相对温暖潮湿的环境，发生适宜温度在 25~30℃；喜微酸性基质环境。

野生桑黄

应用价值 桑黄有较高的药用价值，有利五脏、软坚散结、排毒、止血、活血、和胃、化饮、止泻等药用价值，临床可以用于治疗淋病、崩漏带下、泻血、癥瘕积聚以及脾虚泄泻等一系列症状。桑黄在我国有比较悠久的应用历史，在医药领域应用较广，为我国传统的药用菌之一，驯化栽培略有难度，可采用全熟料或段木栽培法。该菌主要应用于医药市场，待进一步开发，市场开发空间较大。

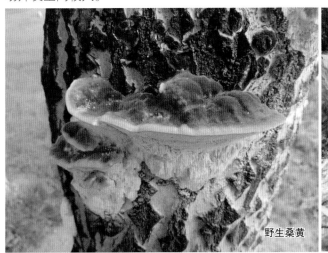

野生桑黄

人工栽培桑黄图

人工栽培桑黄图

35. 树舌

起源分类 又名树舌灵芝、扁木灵芝等，归属担子菌亚门，层菌纲，非褶菌目，灵芝科。全国大部分省份均有分布。

生长习性 子实体常覆瓦状叠生，半圆形至扇状，边缘波浪状缓起伏，宽 8~20 cm，较厚，初黄褐色，后变灰褐色，有同心环状纹，有时具瘤状物。菌肉棕褐色，木质；菌管浅棕褐色，管口圆形；无柄；孢子淡褐色，卵形。属腐生菌，夏秋常着生于槐、杨、皂角、桦等多种阔叶树枯木、树桩上。可分解多种农业废弃原料，如玉米芯、木屑、棉籽壳、麸皮等。子实体的形成喜欢相对温暖潮湿的环境，发生适宜温度在 20~28℃；喜微酸性基质环境。

野生树舌

【应用价值】树舌性平、味苦，有较高的药用价值，常饮用其浸泡液汁，有祛风除湿，清热止痛，抑制乙肝病毒，治疗肝炎、失眠、消化道溃疡、早期肝硬化等功效；属菌中保健佳品，在医药领域应用较广，是我国传统的药用菌之一，驯化栽培略有难度，可采用半熟料、全熟料或段木栽培法。该菌主要应用于医药市场，市场开发空间较大。

野生树舌

野生树舌

36. 香菇

起源分类 又名香信、香菌、香蕈等，归属担子菌亚门，层菌纲，伞菌目，侧耳科。全国均有分布。

生长习性 香菇子实体单生、丛生或散生，子实体中等至稍大。菌盖直径 5~12 cm，幼时半球形，边缘内卷，后稍扁平，表面浅褐色至深褐色，往往有深色鳞片，而边缘常有污白色鳞片。菌肉白色，稍厚或较厚，具香味。菌盖下面初期有内菌幕，后破裂，形成不完整易消失的白色菌环。菌褶白色，密，弯生，不等长。

袋栽香菇

菌柄常偏生，白色，长 3~8 cm，直径 0.5~1.5 cm，纤维质，内部实心。孢子印白色。孢子光滑，无色，椭圆形至卵圆形。属木腐菌，野外于夏秋季节发生量较多，人工栽培已驯化出高、中、低温型香菇品种，实现了周年生产。该菌分解木质素、纤维素、半纤维素的能力较强，可广泛利用木屑、玉米芯、棉籽壳、甘蔗渣等进行栽培。生产中加入玉米粉、麦麸、糖、石膏等营养物质可提高其产量。

应用价值 香菇是高蛋白、低脂肪的营养保健食品。香菇中麦角甾醇含量较高，对防治佝偻病有显著效果；香菇多糖能增强细胞免疫能力，从而抑制癌细胞的生长；香菇含有六大酶类的40多种酶，可以纠正人体酶缺乏症；

经常食用香菇有降血压、降血脂、防癌的功效，是我国主要生产品种之一，深受人们喜爱。该菌驯化栽培容易，可采用半熟料、全熟料或段木栽培法。该菇产量高，市场普及、稳定，认可度高，售价稳定，发展前景较好。

段木栽培香菇

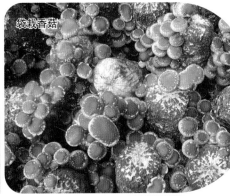

袋栽香菇

香菇子实体

香菇出菇图

37. 杏鲍菇

起源分类 又名刺芹侧耳、杏仁鲍鱼菇等，归属担子菌亚门，层菌纲，伞菌目、侧耳科。全国均有分布。

生长习性 子实体单生或丛生，菌盖直径 4～15 cm，厚 2～4 cm，灰黄色，伴有褐色细条纹，幼时呈扁半圆形，成熟后平展至下凹；菌肉白色，有杏仁味；菌褶乳白色，不等长刀片状、延生；菌柄偏生、白色、内实，长 4～15 cm，直径 0.5～4 cm；孢子无色、光滑、纺锤形。属木腐菌，于春末发生量较多，属中低温型菌。具有较强的分解木质素和纤维素的能力，阔叶木屑、棉籽壳、玉米芯、秸秆等农副产品都能满足其对碳源的需求，生产中加入玉米

幼蕾期

粉、麦麸、米糠等含氮物质，可满足杏鲍菇生长发育氮源的需求。

应用价值 味道鲜美、口感极佳，被誉为"平菇王""干贝菇"等。该菇营养丰富，富含蛋白质、维生素和矿物质等多种营养成分。长期食用可降血压、降血脂；由于该菇含有丰富的寡糖，有改善胃肠功能和美容的功效。杏鲍菇生长环境特别适合工厂化空调培养，是食用菌工厂化主要栽培的珍稀品种之一。该菌驯化栽培容易，可采用全熟料栽培法。产量较高，市场占有量大，获得消费者广泛认可，售价较高，前景较好。

瓶式出菇

袋式出菇

杏鲍菇工厂化出菇

38. 绣球菌

起源分类 又名绣球蕈、绣球花菌、绣球蘑等，归属担子菌亚门，层菌纲，非褶菌目，绣球菌科。主要分布在我国黑龙江、吉林、福建、四川、西藏、云南一带。

生长习性 子实体单生或丛生，中等至大形，由若干小的瓣片状菌片组成，状如绣球花，灰白或淡土黄色，宽10～30 cm；多扁平分枝，近白色，老熟后呈浅黑色；孢子无色，光滑，卵圆形。属腐生菌，夏秋常着生于针叶混交林地上。喜有机质丰富的微酸性土壤和潮湿的环境。可分解松木屑、麸皮、稻糠等营养物质，发生温度在15～25℃。

野生绣球菌

【应用价值】绣球菌肉质脆嫩，味道鲜美，风味独特，具有较高的食用、药用价值，富含多种蛋白质、氨基酸、矿物质等，常食有和胃气、祛风、抗肿瘤、抑菌等功效，是我国著名的特色野生菌之一。该菌驯化栽培有一定难度，可采用全熟料栽培法。该菌目前市场上鲜见，产量一般，供不应求，但市场售价较高，前景较好。

野生绣球菌

袋式出菇

39. 杨树菇

起源分类 又名柱状田头菇、柳环菇、柳松茸等，归属担子菌亚门，层菌纲，伞菌目，粪锈伞科。主要分布于我国浙江、贵州、福建、云南一带。

生长习性 子实体单生或丛生，菌盖直径4～10 cm，暗褐色至土黄色，稍黏，表面常见浅皱纹；菌肉近白色，中间厚、边缘薄；菌褶初白色，后变为暗黄色至棕褐色，稍密，不等长，直生；菌柄常呈弯曲圆柱形，纤维质，内实，长3～10 cm，直径0.3～1 cm，上部近白色，靠近基部渐变为淡褐色；具膜质易脱落的菌环。孢子淡黄褐色，椭圆形。属木腐菌，春夏秋常着生于杨、柳、榆、榕等树的木枝、树干上。可分解多种农业废弃原料，如木屑、棉籽壳、甘蔗渣、玉米粉、米糠、麦麸等。喜欢高湿和中温的环境条件。

野生杨树菇

【应用价值】菌肉肥厚、脆嫩，具有特殊香味。杨树菇营养丰富，含多种人体必需氨基酸和多种维生素和矿质元素，子实体含有多糖，有一定药用价值。经常食用可增强人体免疫力、抗癌、利尿、健脾止泻，是一种食、药用价值较高的珍稀菌类，市场前景广阔。该菌驯化栽培有一定难度，可采用全熟料栽培法。该菌目前市场上鲜见，产量一般，售价较高，但市场占有份额偏低，待开发，前景广阔。

人工栽培杨树菇

40. 银耳

起源分类 又名白木耳、雪耳等，归属担子菌亚门，异隔担子菌纲，银耳目，银耳科。主要分布在我国南方地区。

生长习性 子实体常单生，由若干宽而薄的小菌片组成，呈绣球花状，丛径 5~15 cm，白色或微黄色，基部深黄色；菌肉白色，薄，胶质；无柄；孢子无色、光滑、近球形。属木腐菌，秋、春常着生于各种枯死的阔叶木枝上。可分解多种农业废弃原料，如木屑、棉籽壳、麸皮等。该菌喜阴暗潮湿的中温环境；栽培中还需香灰菌的介入，注意要将银耳菌丝和香灰菌菌丝混合在基质上共同培养。

野生幼银耳

应用价值 银耳肉质柔嫩，味道鲜美、营养丰富，含多种人体必需氨基酸、维生素和矿质元素，子实体含有多糖，有一定药用价值。经常食用可增强人体免疫力、清热止咳、健脑提神、美容嫩肤、预防肿瘤的发生，是我国著名食用菌品种之一。该菌驯化栽培有一定难度，可采用全熟料或段木栽培法。该菌产量较高，市场普及、认可度高，售价稳定，前景好。

袋栽银耳　袋栽银耳

床架栽培图

床架栽培图

41. 榆耳

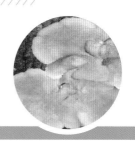

起源分类 又名肉色黏韧革菌、榆蘑等，归属担子菌亚门，层菌纲，非褶菌目，皱孔菌科。主要分布在我国东北地区。

生长习性 子实体覆瓦状叠生，无柄、胶质、柔软、半透明，菌盖长大后呈贝壳形或扇状，宽 3～15 cm，厚 0.3～0.5 cm，初白色，后渐变为棕褐色，被短绒毛；菌肉半透明，淡褐色，略有韧性；孢子无色，平滑、椭圆形。属腐生菌，秋季常着生于榆、椴等树木的枯枝、树桩上。可分解阔叶树木屑、棉籽壳、玉米芯、麸皮、稻糠等营养物质。发生温度在 18～25℃，需有温差刺激。

野生榆耳

【应用价值】榆耳肉质有韧性，鲜美可口，独具风味，具有较高的食用、药用价值，富含多种蛋白质、氨基酸、矿物质等，经常食用有治疗腹泻、降低胆固醇、调节血脂、提高免疫力、降低胆固醇、防癌等功效，属菌中佳品，是我国东北地区著名的野生菌之一。该菌驯化栽培有一定难度，可采用全熟料或段木栽培法。该菌产量较高，市场占有份额低，供不应求，售价较高，前景较好。

袋栽榆耳

42. 榆黄菇

起源分类 又名金顶侧耳、黄金菇、金顶菇等，归属担子菌亚门，层菌纲，伞菌目，侧耳科。我国各地均有分布。

生长习性 子实体覆瓦状丛生，菌盖直径 4～10 cm，淡黄至鲜黄色，扁半圆形、中部下凹；菌肉白色，厚 1～2 cm；菌褶白色、刀片状、延生；菌柄偏生、白色、内实，长 2～8 cm，直径 0.5～2 cm，基部常相连；孢子无色、光滑、圆柱形。属木腐菌，秋季发生量较多。具有较强的分解木质素和纤维素的能力，榆、栎、槐、桐、杨、柳等阔叶木屑、棉秆、棉籽壳、玉米芯、玉米秸、豆秸等农副产品都能满足其对碳源的需求，生产中加入玉米粉、麦麸、饼肥等含氮物质，以提供给榆黄蘑生长发育所必需的氮源。

应用价值 味道较好、营养丰富，含蛋白质、维生素和矿物质等多种营养成分，其中氨基酸含量尤为丰富，且必需氨基酸含量高。属高营养、低热量食品，长期食用可降低血压、降低胆固醇含量，是老年人心血管疾病患者和肥胖症患者的理想保健食品。

原基期

榆黄菇抗杂菌能力强，适应性广，是我国主要珍稀品种之一。该菌驯化栽培容易，可采用发酵料栽培、半熟料栽培或全熟料栽培。产量较高，市场售价存在地区差异，前景较好。

覆土出菇

袋式出菇

袋式出菇

幼蕾期

43. 榆树菇

起源 分类 又名大榆蘑、榆生离褶伞等，归属担子菌亚门，层菌纲，伞菌目，白蘑科。主要分布在我国东北、青海一带。

生长习性 子实体丛生，菌盖直径4～8 cm，半球形至平展，灰白色，光滑，中部深灰色，常伴龟裂；菌肉白色，较厚；菌褶白色，稍密，不等长，弯生；菌柄白色、内实，长4～9 cm，直径0.5～1 cm；孢子无色、

光滑、近球形。属中温型木腐菌，夏秋常着生于榆树或其他枯死的阔叶木枝上。可广泛分解多种农业废弃原料，如木屑、秸秆、棉籽壳、玉米芯、米糠、麸皮、棉籽饼和玉米粉等。该菇喜欢在微酸性的基质中生长；原基形成需变温刺激，菌丝成熟时间较长，80 d左右。

应用价值 该菌肉厚、味美、柔软，营养较高，含多种人体必需氨基酸和多种维生素和矿质元素等，是传统中医药材，具有祛风活络，医治虚弱，强筋壮骨的功效。该菌驯化栽培略有难度，目前国内外很多研究所都在驯化、研发该菇的栽培技术，可采用全熟料栽培。产量一般，市场占有份额很少，未普及，售价需开发，前景较好。

榆树菇野生状态图

44. 云芝

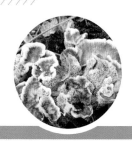

起源分类 又名杂色云芝、彩绒栓菌等，归属担子菌亚门，层菌纲，非褶菌目，多孔菌科。全国均有分布。

生长习性 子实体常覆瓦状叠生，半圆形至扇状，边缘波浪状缓起伏，宽 2～8 cm，薄，灰褐色至灰黑色，被细绒毛，老熟后菌盖表面光滑，具有较明显的同心环带。菌肉白色，革质；菌管浅黄色至灰色，管口圆形；孢子无色，长椭圆形。属腐生菌，春夏秋常着生于多种阔叶树枯木、树桩上。可分解多种农业废弃原料，如玉米芯、木屑、棉籽壳、蔗渣、麸皮等。子实体形成喜欢相对温暖阴暗潮湿的环境，发生适宜温度在 10～30℃。

野生云芝

【应用价值】云芝是我国传统的药用菌，具有较高的食药用价值，经常食用有祛湿化痰，提高免疫力，抑制肿瘤，治疗慢性气管炎和多种癌症等功效，是目前农业观光园区很好的观光素材，是较有发展前景的野生药用菌之一。该菌驯化栽培容易，可采用半熟料或全熟料栽培。目前主要应用在医药领域，市场待进一步开发，产量较高，前景较好。

野生云芝

野生云芝

45. 真姬菇

起源分类 又名斑玉蕈、蟹味菇、白玉菇等，归属担子菌亚门，层菌纲，伞菌目，白蘑科。全国大部分省份均有分布。

生长习性 子实体丛生，菌盖直径 4~6 cm，半球形至平展，分灰色和白色两大品系，灰色品系呈淡灰色，菌盖表面带有深灰色花纹；白色品系为白色，菌盖表面隐现白色花纹；菌肉白色，较厚；菌褶白色，弯生；菌柄白色、内实，长 3~10 cm，直径 0.5~1 cm；孢子无色、光滑、近球形。属低温型木腐菌，秋冬春常着生于各种枯死的阔叶木枝上，可广泛分解多种农业废弃原料，如木屑、秸秆、棉籽壳、玉米芯、米糠、麸皮和玉米粉等。

野生真姬菇

应用价值 真姬菇有独特的似蟹肉的鲜香，滑嫩，营养丰富，含多种人体必需氨基酸、多种维生素和矿质元素，其中赖氨酸、精氨酸的含量高于一般菇类，有助于青少年益智增高。子实体的提取物具有多种生理活性成份，其中真菌多糖、嘌呤、腺苷能增强免疫力，可延缓衰老、美容养颜。还有抗癌、防癌、提高免疫力、延长寿命的独特功效，是一种低热量、低脂肪的保健食品，市场前景较好。该菌驯化栽培略有难度，可采用全熟料栽培。该菇市场普及，认可度高，产量较高，售价稳定，较畅销。

白色真姬菇（白玉菇）

瓶栽方式

袋栽方式

工厂化栽培方式

工厂化栽培方式

工厂化栽培方式

46. 猪苓

起源分类 又名猪茯苓、猪苓蕈等，归属担子菌亚门，层菌纲，非褶菌目，多孔菌科。全国大部分省份均有分布。

生长习性 子实体常单生，中等至大形，主柄上多分枝，末端生近圆形菌盖，丛宽15~40 cm，菌盖灰色至灰褐色，肉质，宽2~5 cm；菌管短，密，延生，管孔细小；菌肉白色，薄；孢子无色，椭圆形。菌核形状与姜形态相似，表面黑褐色，有瘤状突起，内部白色，内实；干后坚韧，有弹性。属腐生菌，兼有寄生菌的特性，夏秋季常着生栎树、枫树、桦树等阔叶林地上，与蜜环菌关系密切。喜欢相对干燥阴凉的环境，发生适宜温度在10~20℃；喜欢沙量高的基质环境。

应用价值 猪苓子实体肉质鲜嫩、美味可口，性平味甘，具有很高的食用、药用价值，经常食用有利尿治水肿，提高免疫力，治疗肺癌、胃癌、宫颈癌等功效；属菌中佳品，是我国著名的野生药用菌之一。该菌驯化栽培有难度，一般选好林地，做窖；将菌材埋入窖内，同时将猪苓菌核和蜜环菌菌种同时接种于木段上，之后覆土培养。该菇产量低，占有市场份额低，但市场售价稳定，上升空间大。

猪苓子实体

猪苓子实体

菌核形态

菌核切片图

47. 紫革耳

起源分类 又名光革耳、紫耳等，归属担子菌亚门，层菌纲，伞菌目，侧耳科。主要分布在我国陕西、甘肃、河南、云南一带。

生长习性 子实体小至中等稍大，常呈扁漏斗形，中部下凹，菌盖直径 4～13 cm，常呈紫灰色，初期表层被绒毛，后期光滑并具有不明显的辐射状条纹。菌褶灰白色至淡紫色，后变紫黑色，延生，稍密。菌柄偏生或侧生，灰白色，被淡灰色绒毛，内部实心、质韧，较短，长 1～4 cm，直径 0.5～2 cm。孢子椭圆形，无色，光滑。属木腐菌，夏秋季生于柳、桦等树木的腐木上，丛生或群生，为中高温型菌。该菌分解木质素、纤维素、半纤维素的能力较强，可利用玉米芯、棉籽壳、甘蔗渣、木屑等进行栽培。

应用价值　幼时可食用，味道平淡。此菌试验抗癌，对小白鼠肉瘤180和艾氏癌的抑制率高达100％。可药用，性温味淡，有追风散寒、舒筋活络的功效，为"舒筋丸"的原料之一，用于治疗腰腿疼痛、手足麻木、筋络不适、四肢抽搐。该菌若作为保健药菇开发，对市场会有一定的吸引力，驯化栽培有一定难度，常采用全熟料、半熟料或段木栽培。该菌产量一般，主要应用于医药领域方面，有一定开发前景。

紫革耳野生状态图

48. 紫芝

起源 分类 又名紫灵芝等，归属担子菌亚门，层菌纲，非褶菌目，灵芝科。主要分布在我国南方地区。

生长习性 子实体常单生或丛生，中等大，菌盖半圆形或扇形，具同心环沟，宽5～10 cm，菌盖紫褐色，具漆样光泽；菌管短，污白色，管孔细小，近圆形；菌肉褐色，木质；菌柄近圆柱形，红褐色，长3～10 cm，直径0.5～1 cm，偏生或侧生，具漆样光泽；孢子褐色，卵形。属腐生菌，兼有寄生菌的特性。夏秋季常着于生栎树、柞树等阔叶树的树桩、倒木上。能广泛分解多种农业下脚料，如硬杂木屑、玉米芯、棉籽壳，蔗渣、麸皮等。喜欢相对温暖的环境，发生适宜温度较灵芝略高，在25～30℃；子实体具趋光性；喜微酸性基质。

应用价值 紫芝性平、味淡，有较高的药用价值，富含多种氨基酸、矿物质、多糖等，经常饮用其浸泡汁液，可提高人体免疫力，有降血压，降血脂，降血糖，治神经衰弱、失眠、消化不良、毒疮等功效；属菌中保健佳品，是我国传统的药用菌之一，驯化栽培有一定难度，通常采用全熟料，并配合覆土进行栽培。该菌产量一般，市场占有份额低，待进一步开发，主要应用在医药领域，前景较好。

紫芝野生状态图

二

草腐菌类
（含粪草生菌）

1. 巴西蘑菇

起源分类 又名姬松茸、巴西菇、阳光蘑菇等，归属担子菌亚门，层菌纲，伞菌目，蘑菇科。主要分布于我国南方地区。

生长习性 子实体中等至大型，菌盖直径6～11 cm，淡黄色至土黄色，初半球形，后变平展，被淡褐色至浅灰褐色纤维状鳞片；菌肉白色；菌褶白色、离生；菌柄白色、内实，长6～13 cm，直径1～3 cm；孢子褐色、光滑、卵圆形。属草腐菌，夏秋常着生于有牲畜粪便的草地上，群生。可广泛分解多种农业废弃原料，如秸秆、棉籽壳、玉米芯、稻草、粪便、麸皮等。喜欢高温、潮湿和通风的环境。

野生巴西蘑菇

应用价值 该菌味道具杏仁香味，口感脆嫩，营养丰富，含多种人体必需氨基酸和多种维生素和矿质元素，子实体含有丰富的多糖，有一定药用价值，对抑制肿瘤、痔瘘、糖尿病、防治心血管病等都有疗效，是非常值得开发的珍稀食用菌之一，驯化栽培略有难度，通常采用生料、发酵料栽培等方式，并配合覆土进行栽培，该菇产量和市场售价较高，但盐渍品占有一定份额，鲜品不多见，开发前景较好。

人工栽培巴西蘑菇

棚架出菇

2. 草菇

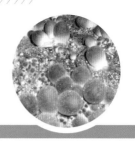

起源 分类 又名美味苞脚菇、中国菇、麻菇等，归属担子菌亚门，层菌纲，伞菌目，光柄菇科。主要分布于我国南方地区。

生长习性 子实体单生、散生或群生。幼蕾期子实体被包裹在呈黑褐色蛋壳形的外菌幕内。菌盖长出外菌幕后，直径 5～15 cm，灰色，中部黑褐色，并形成向外辐射的暗色放射状条纹，初期钟形，后平展；菌肉白色，厚；菌褶初白色，后为肉粉色，密，离生；菌柄圆柱形，白色、内实，长5～15 cm，直径 0.5～1.5 cm；菌托杯状，下部灰色，上部呈黑色。孢子粉红色、椭圆形。夏秋常着生于稻草、蔗渣等纤维含量高的基质上，可分解稻草、麦秸、蔗渣、粪肥等。草菇喜欢在高温和潮湿的环境中生长，忌温差变化较大的环境，不耐低温，环境温度需稳定在 30℃以上，生长迅速，出菇快。

幼蕾期

应用价值　草菇味道鲜美，有鸡肉香味，营养丰富，含丰富的蛋白质、氨基酸和多种维生素和矿质元素，尤以维生素 C 含量较高。草菇性寒、味甘，可消食去热，增强人体免疫力、预防肿瘤的发生，是中国著名的食用菌之一。该菇驯化栽培容易，通常采用发酵料栽培等方式，并配合覆土进行栽培。北方受温度影响栽培较少，该菇产量和市场售价较高，但市场占有率较低，局限于大中城市和一些大型超市，市场前景较好。

成熟期

床架栽培草菇

草菇生长状态图

草菇生长状态图

3. 大肥菇

起源分类 又名双环蘑菇、高温蘑菇、美味蘑菇等，归属担子菌亚门，层菌纲，伞菌目，蘑菇科。主要分布在我国浙江、福建、四川等地区。

生长习性 子实体中至大型，菌盖直径 6～20 cm，初期白色，老熟后变暗黄色，初半球形，后变平展，边缘内卷；菌肉白色，厚；菌褶白色，后变粉红色至黑褐色，离生；菌柄白色、内实，长 4.5～8 cm，直径 1.5～3.5 cm；菌环白色、膜质、双层。孢子褐色、光滑、椭圆形。属草腐菌，夏秋常着生于草地、田野上，散生至群生。比双孢蘑菇生长需更高的温度，抗杂性更强，可广泛分解多种农业废弃原料，如秸秆、棉籽壳、玉米芯、稻草等，喜欢高温、潮湿和通风环境。大肥菇具有生长周期较长，菇潮时间长，从菇蕾形成到开

野生状态图

伞时间短等特点，所以在提早播种和及时采收等方面都要引起重视。

应 用 价 值 大肥菇菌肉厚，味道鲜美、营养丰富，含 8 种人体必需氨基酸、多种维生素和矿质元素，子实体含有多糖，有一定药用价值。经常食用可增强人体免疫力、预防肿瘤的发生。目前对大肥菇的开发已有很多报道，未来在商业化运作上其品质将不逊色于双孢蘑菇。该菇驯化栽培容易，通常采用发酵料栽培方式，并配合覆土进行栽培。该菇产量较高，市场售价稳定，开发前景较好。

生长环境图

4. 大球盖菇

起源分类 又名皱环球盖菇、酒红色球盖菇等，归属担子菌亚门，层菌纲，伞菌目，球盖菇科。主要分布在我国长江以北地区。

生长习性 子实体中至大型，菌盖直径10~15 cm，红褐色，初半球形，后变平展，边缘内卷；菌肉白色，厚；菌褶密，不等长，弯生；菌柄白色、内实、纤维质，长15~20 cm，直径1.5~2 cm；菌环白色、膜质。孢子黄褐色、光滑、椭圆形。属草腐菌，夏秋常着生于草地、田野上，散生至群生。可广泛分解多种农业废弃原料，如秸秆、棉籽壳、玉米芯、稻草等，喜欢高温、潮湿和通风的环境。

应用价值 大球盖菇形态优美、菌肉肥厚，味道清香、营养丰富，含多种人体必需氨基酸、维生素和矿质元素，子实体含有多糖，有一定药用价值。大球盖菇还具有预防冠心病、助消化、缓解人体精神疲劳的功效。国内外对大球盖菇十分喜爱。该菇驯化栽培容易，通常采用发酵料栽培方式，并配合覆土进行栽培。该菇产量较高，市场售价稳定，开发前景较好，属于畅销品种。

子实体图

幼菇期

畦床栽培图

畦床栽培图

畦床栽培图

5. 红枝瑚菌

起源分类 又名红顶黄丛枝菌等，归属担子菌亚门，层菌纲，非褶菌目，枝瑚菌科。主要分布在我国浙江、四川、西藏、云南等地区。

生长习性 子实体单生或散生，中等大，分枝多，淡黄色，顶尖粉红色，高7～12 cm；菌肉白色；担子棒状，具4小梗。孢子淡色，光滑，长方椭圆形。夏秋常生于阔叶林地上。喜有机质丰富的微酸性土壤和潮湿的环境。可分解稻草、玉米芯、棉籽壳、麸皮、稻糠等营养物质，发生温度在20～28℃。

应用价值 该菇肉质柔软，气味温和，可以食用。但若与酒共食，可能产生腹泻等不适症状，可作为较有开发前景的特色野生菌之一，亦可作为观赏菌类进行栽培。该菇驯化栽培有一定难度，通常采用发酵料或全熟料栽培等方式并配合覆土进行栽培。该菌主要靠野外采集，市场较少见，售价待开发，但发展前景看好。

野生状态图

野生生长图

6. 鸡腿菇

起源分类 又名毛头鬼伞、鸡腿蘑等，归属担子菌亚门，层菌纲，伞菌目，鬼伞科。全国均有分布。

生长习性 子实体单生或散生，菌盖直径3～5 cm，污白色至浅黄色，初长椭圆形，后期钟形，边缘常开裂、自溶；菌肉白色，厚0.5～1 cm；菌褶初期白色，后变为黑色，密、离生；菌柄圆柱形，基部略大，白色、中空，长5～15 cm，直径1～2 cm；孢子无色、光滑、椭圆形。春夏秋常着生于草地、田野、林地中。可广泛分解多种农业废弃原料，如木屑、秸秆、棉籽壳、玉米芯、稻草等，该菌出菇时必须有土壤才能正常发生，且出菇后易自溶。该菇抗杂菌能力强，适应性广，是我国主要栽培品种之一。

野生鸡腿菇

应用价值　鸡腿菇肉质细嫩，味道鲜美、营养丰富，含8种人体必需氨基酸、多种维生素和矿质元素。鸡腿菇味甘性平，有明显的降血糖的作用，对糖尿病有一定疗效。经常食用还可帮助消化、增强食欲，是较好的食用菌之一。该菇驯化栽培容易，可采用生料、发酵料、半熟料或全熟料等栽培方式，并配合覆土进行栽培。该菇产量高，市场售价较稳定，前景较好。

鸡腿菇野生和生长阶段图

7. 马勃

起源分类 又名大秃马勃、马皮泡等，归属担子菌亚门，腹菌纲，马勃目，马勃科。全国大多数省份均有分布。

生长习性 子实体常单生或散生，呈头状或近球形，直径5～15 cm，外表平滑，初期污白色，后变为暗黄色或棕黄色，易碎；菌肉初白色，厚，后变为青褐色，粉状；孢子棕黄色、光滑、球形。夏秋常着生于草地上。可分解多种农业废弃原料，如稻草、棉籽壳、粪肥，麸皮等。该菌喜阴暗潮湿的中高温环境，子实体发生温度范围在25～30℃，喜欢生长在微酸性的基质中，同时要求环境无污染。

应用价值 马勃幼嫩时肉质松软，别有风味，含有较高营养。老熟后有一定药用价值。有消肿、止血、解毒、治疗咳嗽等功效，是我国常见的药用菌品种之一。该菇驯化栽培略有难度，通常可采用生料、发酵料等方式，并配合覆土进行栽培。该菇产量一般，市场待开发，有一定利用价值，多用于医药领域。

野生马勃

野生马勃

野生马勃

成熟马勃

老熟马勃

成熟马勃

成熟马勃

马勃野生状态图

8. 蒙古口蘑

起源分类 又名白蘑、珍珠蘑、白蘑菇等，归属担子菌亚门，层菌纲，伞菌目，白蘑科。主要分布在内蒙古、河北、东北三省一带。

生长习性 子实体散生或群生，菌盖直径5～17 cm，半球形至平展，白色，光滑；菌肉白色，厚；菌褶白色，弯生，稠密，不等长；菌柄圆柱形，基部略膨大，白色，内实，长3.5～7 cm，直径1.5～4 cm。孢子无色、椭圆形。于夏秋季在草原上群生并形成大小不一的蘑菇圈，这些地方水草丰富，土壤腐殖质含量多，腐熟的粪便和牧草较多，这些都给蒙古口蘑的发生营造了良好的出菇环境。蒙古口蘑发生的温度范围在10～20℃，存在较大的早晚温差，基质略带酸性，土壤含水量在60%～70%，雨后的草原上发生量较多。

应用价值 该菇菌肉肥厚，肉质细嫩，菇香醇正，味道鲜美，是我国北方草原盛产的"口蘑"上品，畅销于国内外市场。该菇性平、味甘，含有

较多的维生素、氨基酸和矿物质等，经常食用能益气，散热，解表；能治疗小儿麻疹欲出不出，烦躁不安等症状。该菇驯化栽培困难，可尝试采用粪草发酵料的仿野生进行栽培。该菇产量低，主要靠野生采集，市场供不应求，售价较高，未来前景较好。

蒙古口蘑野生状态图

9. 平截棒瑚菌

起源分类 又名黄棒菌、棒锤菌等，归属担子菌亚门，层菌纲，非褶菌目，珊瑚菌科。主要分布在我国四川、西藏、青海、云南一带。

生长习性 子实体单生或散生，中等大，棒状，上宽下细，上部平截状，且多褶皱，高5~15 cm，直径2~7 cm，土黄色；菌肉白色，厚，海绵状；菌柄基部常有白色细绒毛；孢子无色，光滑，椭圆形。夏秋常着生于针叶林及混交林地上。喜有机质丰富的微酸性土壤和潮湿的环境。可分解阔叶木屑、稻草、粪肥、棉籽壳、麸皮等营养物质，发生温度在18~25℃。

应用价值 该菌肉质柔软，气味温和，含多种人体必需氨基酸、维生素和矿质元素，有一定的食疗价值，经常食用可增强人体免疫力，防癌等，是较有开发前景的特色野生菌之一，驯化栽培有一定困难，可尝试采用发酵料或全熟料进行栽培。目前该菌市场较少见，主要靠野外采集，市场待开发，有一定发展前景。

野生平截棒瑚菌

野生平截棒瑚菌生长环境图

10. 双孢蘑菇

起源分类 又名蘑菇、洋蘑菇、双孢菇等，归属担子菌亚门，层菌纲，伞菌目，蘑菇科。全国大部分省份均有分布。

生长习性 子实体中等大小，单生或群生，菌盖直径5~12 cm，白色、光滑，扁半球形后平展；菌肉白色，蘑菇气味浓重；菌褶初期粉红色，后变黑褐色，离生，密集；菌柄白色，圆柱形，内部松软，长4.5~9 cm，直径1.5~3.5 cm。菌环为白色、膜质、单层，易脱落；孢子褐色、光滑、椭圆形。属草腐菌，春秋常着生于林地、草地、田野等处，可广泛分解多种农业废弃原料，如秸秆、棉籽壳、玉米芯、稻草、粪肥、饼肥等，在栽培过程中需进行覆土，覆土是双孢蘑菇出菇的必要条件。双孢蘑菇抗杂菌能力强，适应性强，

野生双孢蘑菇

是我国主要栽培品种之一。

应用价值　该菇味道鲜美、营养丰富，含 8 种人体必需氨基酸、多种维生素和矿质元素，子实体含有多糖，具有较高食用价值，且有一定药用价值。经常食用可降低血压，增强人体免疫力，并可抗癌、预防肿瘤的发生。该菇驯化栽培容易，可采用发酵料并结合覆土进行栽培。该菇产量高，市场占有量大，认可度高，售价稳定，前景较好。

生长状态图

床架出菇

三

寄生菌类

1. 蝉花

起源分类 又名蝉蛹草、蝉菌、金蝉花等，归属子囊菌亚门，核菌纲，麦角菌目，麦角菌科。主要分布于我国南方地区。

生长习性 蝉花寄主为蝉的幼虫，虫体黄褐色或棕黄色，虫体3~4 cm，内实；子座常单生，从寄主头部长出，常分枝，鹿角状，高3~5 cm，直径0.2~0.4 cm，初黄褐色，干后变为黑褐色，顶部钝；子座肉质，内实；孢子无色，细长形。常寄生于蝉的幼虫体内，夏秋多发生于苦竹林或针阔混交林中的地上。子座发生温度在20~25℃，喜光照和微酸性基质。

野生蝉花

应用价值 蝉花常作为中药材，性寒，味甘，含大量人体必需氨基酸、多种维生素和矿质元素，子实体含有较高的多糖等，保健价值很高。经常食用可治疗小儿惊悸、明目退热、目赤肿痛、翳膜遮睛，具有提高免疫力、抗疲劳、保肾、改善睡眠、抑制肿瘤、护肝、抗辐射等功效，是中国传统的食用菌滋补佳品。该菌驯化栽培具有一定难度，可首先分离培养好蝉花菌丝液体菌种，之后注射于适龄的蝉蛾幼虫体内，后将感染菌的虫体铺于洁净的沙土上培养。目前主要靠野生采集，市场售价较高，但占有份额较低，开发前景广阔。

蝉花子座

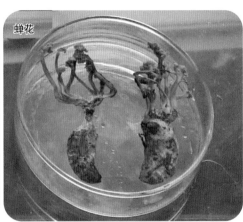

蝉花

刚出土蝉花

蝉花形态图

2. 冬虫夏草

起 源 分 类 又名虫草、冬虫草、中华虫草等，归属子囊菌亚门，核菌纲，麦角菌目，麦角菌科。主要分布在我国西藏、云南、贵州、四川地区。

生 长 习 性 寄主为蝙蝠蛾幼虫，虫体黄褐色或棕黄色，虫体3~6 cm，背部具明显环皱纹，腹部有8对足，内实；子座常单生，从寄主头部长出，高5~7 cm，直径0.2~0.3 cm，黄褐色，棒状，顶部钝圆；子座肉质，内实，微黄色；孢子无色、细长形。常寄生于鳞翅目蝙蝠蛾幼虫体内，春夏之交发生于海拔3 000 m以上的高山沃土中。子实体发生温度在4~10℃，喜光照和微酸性基质。

虫草形态图

背面　　　侧面　　　腹面

【**应用价值**】冬虫夏草性温，味甘，富含大量人体必需氨基酸、多种维生素和矿质元素，子实体含有较高的虫草多糖、虫草素和 SOD 等，保健价值极高。经常食用可显著增强人体免疫力、阳痿遗精、延缓细胞衰老、预防肿瘤、治疗心脑血管疾病的发生，很适合老年人和体质虚弱之人，是食用菌中的极品。该菌驯化栽培难度很大，可首先分离培养好虫草菌丝液体菌种，之后喷洒于适龄的蝙蝠蛾幼虫的食物及其身体表面，后将感染菌的虫体铺于洁净的沙土上培养。目前该菌主要靠野外采集，市场份额低，市场供不应求，售价极高，前景极好。

虫草形态图

虫草形态图

野生状态图

3. 乌灵参

起源分类 又名乌苓参、雷震子、黑柄炭角菌等，归属子囊菌亚门，核菌纲，炭角菌目，炭角菌科。主要分布在长江流域以南省份。

生长习性 子座散生或群生于地表，幼时白色，后期呈黑褐色，细棒状，高 4～12 cm，直径 0.2～0.4 cm；子座内污白色，内实；孢子褐色，近球形。子座基部连接着较长的呈根状的菌丝束，并与地下菌核相连，菌丝束为细长圆柱形，粗 0.2～0.3 cm，外表黑色，内部白色，常有分枝，曲折蔓延于土层中。菌核近球形，外表黑褐色，内部白色，具香味。常寄生在废弃的白蚁巢穴内，夏季于地表发生子座，而秋冬季蚁巢内菌核才可长充实。菌丝喜欢分解吸收蚁巢内部的一些营养，故在培养菌丝时，常向料内添加一部分蚁巢穴的土。

乌灵参生长环境图

【应用价值】乌灵参性平，味甘，含大量人体必需氨基酸、多种维生素、矿质元素等，保健价值极高。经常食用有利尿祛湿，治疗惊悸，跌打损伤，增强免疫力，催乳，补肾益气等功效，是中国著名的药用菌之一。该菌驯化栽培难度较大，目前相对可行的方法是首先培养好乌灵参菌丝菌种，之后接种在野外废弃白蚁巢穴内仿野生培养。该菌市场占有份额极低，主要靠野外采集，市场认可度高，售价高，开发前景较好。

乌灵参生长环境图

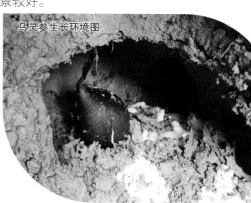

乌灵参生长环境图

乌灵参子座形态图

4. 蛹虫草

起源分类 又名北冬虫夏草、北虫草等，归属子囊菌亚门，核菌纲，麦角菌目，麦角菌科。全国大部分省份均有分布。

生长习性 寄主虫体内外被白色菌丝包裹；子座常单生，有时也有2～5根或更多从寄主头部或身体中部长出，高3～6 cm，若人工米粒培养基上长出的子座高5～12 cm，粗0.2～0.5 cm，橘黄色，棒状，顶部钝圆；子座肉质，内实，微黄色；孢子无色、细长形。常寄生于鳞翅目昆虫的蛹体或虫体内，于春夏秋适温发生。人工栽培可采用蚕蛹、大米等作为培养基，子实体发生温度在15～25℃，喜光照。

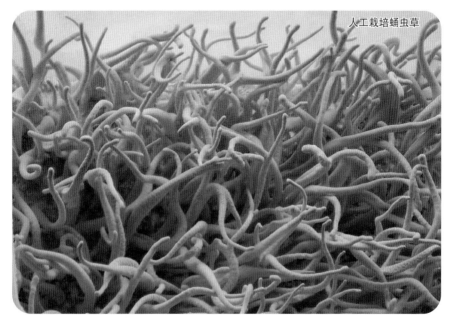

人工栽培蛹虫草

【应用价值】蛹虫草性平，味甘，含大量人体必需氨基酸和多种维生素和矿质元素，子实体含有多糖、虫草素和 SOD 等，保健价值极高。经常食用可增强人体免疫力、补精髓、延缓细胞衰老、预防肿瘤、降血压、降血脂的发生，是我国著名的滋补菌品之一。该菌驯化栽培略有难度，目前通常采用的方法是首先培养好虫草菌丝液体菌种，之后接种在处理好的虫体或粮食培养上培养。该菌产量较高，市场普及、认可度高，售价较高，开发前景较好。

瓶栽方式

盆栽方式

筐栽方式

蛹虫草

5. 竹黄

起源分类 又名竹三七、竹花、竹参等，归属子囊菌亚门，核菌纲，肉座菌目，肉座菌科。主要分布在长江流域以南省份。

生长习性 子座常贴生于枯黄的竹枝上，呈不规则瘤块状，表面龟裂，长 1.5~4 cm，宽 2 cm 左右，肉粉色；子座肉质，内实，近粉红色；孢子无色，纺锤形。常寄生在竹属等植物的枯枝上，于夏秋适温发生。子实体发生温度在 15~28℃，喜散射光照，对环境湿度要求高。

应用价值 竹黄性温，味淡，含大量人体必需氨基酸、多种维生素和矿质元素等，保健价值很高。常饮用其浸泡的汁液，可活血化瘀，通经活络，治疗体质虚寒，关节炎，坐骨神经痛等症状，是我国著名的药用菌之一。该

野生竹黄

菌驯化栽培很有难度，目前可尝试采用的方法是首先培养好竹黄菌丝液体菌种，之后接种在竹林内枝条上半野生培养。产量一般，市场占有份额低，但认可度较高，售价高，开发前景较好。

子座形态

子座形态

竹黄生长状态图

四

共生菌类

1. 鸡枞菌

起源分类 又名蚁巢伞、白蚁菇等，归属担子菌亚门，层菌纲，伞菌目，白蘑科。主要分布在我国四川、贵州、云南一带。

生长习性 子实体常单生，菌盖直径 3～10 cm，斗笠状，灰白色，易开裂；菌肉白色，较厚；菌褶白色至米黄色，离生，稠密，不等长；菌柄初为纺锤形，后为近圆柱形，淡灰色，内实，长 5～15 cm，直径 0.5～1.5 cm，基部长有发达的假根。孢子无色、椭圆形。为共生性真菌，鸡枞菌的生长发育与土白蚁的活动有密切关系，无活的白蚁巢则不会再长鸡枞菌。夏秋常生长于山地、草坡、田野等向阳处。该菌的菌丝可分解白蚁巢体上的木质素和纤维素，同时可产生蛋白质和维生素等供白蚁食用，蚁巢可供给鸡枞菌良好的着生基质和营养。

野生鸡枞菌

【应用价值】该菇肉质细嫩，菇香醇正，味道鲜美，是我国著名野生菌之一，畅销国内外市场。该菇中氨基酸的含量，优于一些常见菇，如香菇、平菇等。经常食用有补益肠胃、疗痔止血、改善消化不良等功效。该菌驯化栽培难度较大，目前可尝试采用的方法是分离提纯菌丝后扩大培养，之后移至蚁巢后仿野生栽培。该菌主要靠野生采集，市场供不应求，售价高，前景较好。

野生鸡枞菌

鸡枞生长状态图

鸡枞生长状态图

鸡枞生长状态图

2. 榛蘑

起 源 分 类 又名蜜环菌、青风蕈、菌索蕈等，归属担子菌亚门，层菌纲，伞菌目，白蘑科。全国大部分省份均有分布。

生 长 习 性 子实体常中等大，菌盖直径 4～8 cm，浅土黄色，覆有褐色细小鳞片，扁半球形至平展；菌肉白色；菌褶白色、直生，略密；菌柄呈弯曲状圆柱形，上部白色，下部逐渐变棕色，内实，长 5～13 cm，直径 0.6～1 cm，基部略膨大；孢子无色、光滑、椭圆形。榛蘑 8—9 月生长在针阔叶树的干基部、代根、倒木及埋在土中的枝条上，常与天麻共生。人工驯化可采用棉籽壳或玉米芯、甘蔗渣等材料。子实体发生适温为 14～20℃。菌索的生长通常在氧气充足的树根、树桩及天麻块茎表面交织成网状，在通气不良处，则很难形成菌索。

野生榛蘑生长图

应用 价值 榛蘑是东北特有的山珍之一，味道鲜美、营养丰富，含大量微量元素、蛋白质、胡萝卜素、维生素 C 等营养成份，对高血脂、高血压、动脉硬化有明显疗效，长期食用具有明显抗癌作用，增强人体免疫力。同时对预防视力减退、夜盲也有益处，是一种延年益寿、延缓衰老的理想食品。该菌驯化栽培有一定难度，目前可尝试采用的方法是分离提纯菌丝后扩大培养，之后移至天麻地仿野生栽培。该菇主要野外采集，干品居多，主要在东北地区和一些大型超市，市场售价较高，前景较好。

野生榛蘑生长图

野生榛蘑生长图

野生榛蘑丛生现象

五

土生菌类

1. 橙盖鹅膏菌

起源分类 又名黄罗伞、鸡蛋黄蘑等，归属担子菌亚门，层菌纲，伞菌目，鹅膏菌科。主要分布于我国东北、浙江、贵州、福建、云南一带。

生长习性 子实体大型，单生或散生，菌盖直径 5～20 cm，初期为卵圆形，后期平展，鲜橙黄色，稍黏，边缘具明显条纹；菌肉白色或近黄色，薄；菌褶浅黄色至暗黄色，稍密，不等长，离生；菌柄圆柱形，内松软，长 6～18 cm，直径 1～2 cm，淡黄色；菌环淡黄色，膜质，宽阔，下垂。菌托大，白色，膜质，苞状。孢子近白色，宽椭圆形。属土生菌，偶与云杉、冷杉、山毛榉、栎等树木也能形成菌索。夏秋常着生于混交林中地上，可以分解玉米芯、稻草、米糠、腐殖质土等，对阔叶木屑分解吸收较差。喜欢高湿和中高温的环境。

野生生长图

应用价值 菌肉肥厚、肉质细腻，菇香独特。含多种人体必需氨基酸、多种维生素和矿质元素等。鹅蛋菌的碳水化合物中以单糖、双糖和多糖形式存在较多，其中高分子多糖可以显著提高机体免疫功能，是一种食药用价值和观赏价值均较高的珍稀菌类，开发前景广阔。该菌驯化栽培有一定难度，目前尚未有较成熟的技术，需经过菌丝提纯培养，发酵料栽培，覆土等几个阶段，效果不是太理想。市场占有份额很低，主要靠野外采集，市场售价待开发。

幼菇生长状态

2. 羊肚菌

起 源 分 类 又名美味羊肚菌、羊肚蘑等，归属子囊菌亚门，盘菌纲，盘菌目，羊肚菌科。主要分布在我国东北、云南、贵州、四川一带。

生 长 习 性 子实体单生或散生，菌盖卵圆形，表面似蜂窝状，顶端圆钝，黄褐色或土黄色，直径 3~5 cm；菌柄不规则棱柱形，基部略膨大，白色，中空，脆嫩，高 4~7 cm，直径 2~3 cm；孢子无色，椭圆形。属土生菌，晚春常着生于林地、果园、火烧地、田边草丛等。可分解麦粒、阔叶木屑、玉米芯、稻草、玉米粉等，栽培时常往培养配方内添加腐殖土。

野生羊肚菌

【应用价值】羊肚菌肉质脆嫩，鲜香可口，营养丰富，含多种人体必需氨基酸、维生素和矿质元素，经常食用可增强人体免疫力、滋补强壮、化痰理气、宁神健体、抗疲劳、抗病毒、抑制肿瘤的发生，是我国著名的菌中珍品之一。该菌驯化栽培有一定难度，目前人工栽培需经过菌丝提纯培养，菌核培养，菌种覆土，外源营养袋诱导等几个阶段，效果较好。市场占有份额低，但供不应求，售价较高，前景较好。

羊肚菌子实体

羊肚菌幼菇期

羊肚菌幼菇期

菌霜期

羊肚菌原基期

人工栽培羊肚菌

3. 紫丁香蘑

起源分类 又名紫蘑、紫晶蘑、裸口蘑等，归属担子菌亚门，层菌纲，伞菌目，白蘑科。主要分布在我国东北、山西、浙江、四川一带。

生长习性 子实体单生或群生，菌盖直径 4～12 cm，半球形至平展，紫色或丁香紫色，光滑，湿润，边缘内卷；菌肉淡紫色，较厚；菌褶紫色，直生，密，不等长；菌柄圆柱形，基部膨大，淡紫色，上有紫色纵向条纹，内实，长 3～9 cm，直径 3～5 cm；孢子无色、光滑、椭圆形。属土生菌，夏秋常着生于林地或田野里。在人工驯化过程中，发现紫丁香蘑在营养需求方面喜欢腐熟的树叶和粪草，以及其他一些自然有机腐熟物。该菇喜欢在微酸性的基质中生长；原基形成需低温刺激，菌丝成熟时间较长，约需 100 d。

野生紫丁香蘑

【应用价值】肉肥厚、味美、有特殊香味，营养较高，含多种人体必需氨基酸、多种维生素和矿质元素等，尤其维生素 B_1 的含量较高，经常食用能调节机体代谢，促进神经传导，预防脚气病，同时还有增强人体免疫力和抗癌防癌的功效，是不可多得的菌中佳品。该菌驯化栽培有难度，目前人工栽培需经过菌丝提纯培养，并结合覆土进行培养。该菇主要靠野生采集，市场未普及，份额较少，售价较高，前景较好。

紫丁香蘑子实体

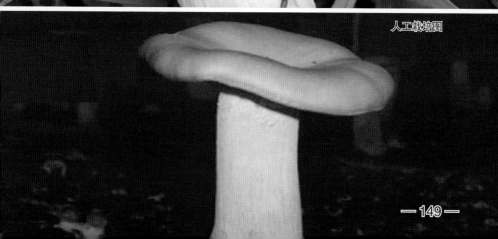

人工栽培图

六

菌根菌类

1. 干巴菌

起源分类 又名干巴革菌、美味干巴菌、马牙菌等，归属担子菌亚门，层菌纲，非褶菌目，革菌科。主要分布在我国云南一带。

生长习性 子实体丛生，中等大，高5~14 cm，直径4~14 cm，由基部较厚的干片向上依次裂成扇形至帚状小分枝，灰白色或淡灰色；基部干片高2~2.5 cm，宽2.5~4 cm；多扁平分枝，近白色，老熟后呈浅黑色；孢子淡褐色，多角形。属菌根菌，与当地松属植物形成外生菌根。可分解松木屑、蔗渣、麸皮、稻糠等营养物质。喜相对贫瘠的微酸性土壤，相对干燥的环境和半阴半阳的环境。发生温度在15~25℃，需有温差刺激。

野生干巴菌

【应用价值】干巴菌肉质有韧性，鲜香无比，风味独特，具有很高的食药用价值，富含多种蛋白质、氨基酸、矿物质等，经常食用有延缓衰老、降低胆固醇、调节血脂、提高免疫力、防止胆固醇升高等功效，属菌中佳品，是我国著名的特色野生菌之一。该菌驯化栽培有难度，目前人工栽培可尝试经过提纯分离出纯干巴菌菌丝，之后半熟料或全熟料获取大量菌丝，最后回归松林下仿野生栽培。该菌主要靠野生采集，市场售价较高，前景较好。

野生干巴菌

干巴菌幼菌期

2. 鸡油菌

起源分类 又名黄菌、黄伞蕈、鸡蛋黄菌等，归属担子菌亚门，层菌纲，非褶菌目，鸡油菌科。全国大部分省份均有分布。

生长习性 子实体单生或散生，中等至大型，菌盖直径 3~10 cm，谷黄色，荷叶形，中部下凹，边缘波状；菌肉黄色，较厚；菌褶谷黄色，窄，延生；菌柄不规则柱形，与盖同色，内实，长 2~8 cm，直径 0.5~0.8 cm；孢子无色，椭圆形。属菌根菌，常与栎属、冷杉属等一些树木形成外生菌根。夏秋常生于林地上。喜有机质丰富的微酸性土壤和潮湿环境。发生温度在 15~25℃，目前人工驯化尚有一定难度。

应用价值 该菇肉质柔软，具有特殊水果香味，营养丰富，富含多种人体必需氨基酸、维生素和矿质元素，尤以维生素 A 含量居多，有较高的食疗价值，经常食用可明目、益肠胃、润化皮肤、治疗干眼等症，是著名的野生菌之一。该菌驯化栽培有难度，目前人工栽培可尝试经过提纯分离出纯鸡油菌菌丝，之后半熟料或全熟料获取大量菌丝，最后回归自然仿野生栽培。该菌主要靠野生采集，市场售价较高，前景较好。

野生鸡油菌生长状态图

野生鸡油菌生长状态图

野生鸡油菌生长状态图

野生鸡油菌生长状态图

鸡油菌子实体形态

3. 美味牛肝菌

起源分类 又名白牛肝菌、大脚菇、大腿蘑等，归属担子菌亚门，层菌纲，伞菌目，牛肝菌科。主要分布在我国东北、内蒙古一带。

生长习性 子实体散生，大型，菌盖直径5～25 cm，黄褐色至土黄色，扁半球形至平展，边缘钝，光滑或稍粘手；菌肉白色，厚；菌管初白色，后变污黄色，与柄贴生；菌柄近圆柱形，基部略膨大，具白色网纹，粗壮，内实，长5～16 cm，直径2～5 cm；孢子淡黄色，长椭圆形。属菌根菌，常与松属、栎属、冷杉属等的一些树木形成外生菌根。夏秋常生于松栎混交林中地上。喜有机质丰富的微酸性土壤和光照明亮的环境。发生温度在18～28℃，目前人工驯化尚有一定难度。

应用价值 该菇有很高的食、药用价值，味道鲜美、营养丰富，含8种人体必需氨基酸、多种维生素和矿质元素，是山西"舒筋丸"的成分之一。经常食用可增强人体免疫力、补虚止带、预防癌症的发生，是中国著名的野生菌之一。该菌驯化栽培有难度，目前人工栽培可尝试经过提纯分离出纯牛肝菌菌丝，之后半熟料或全熟料获取大量菌丝，最后回归自然仿野生栽培。

野生美味牛肝菌子实体

该菌市场占有份额较少，主要靠野外采集，售价较高，前景较好。

野生美味牛肝菌子实体

野生美味牛肝菌子实体

野生生长环境图

野生生长环境图

4. 松口蘑

起源分类 又名松茸、松菇、松蕈等，归属担子菌亚门，层菌纲，伞菌目，白蘑科。主要分布在我国东北、四川、贵州、云南等地区。

生长习性 子实体散生或群生，菌盖直径5～10 cm，扁半球形至平展，淡灰白色，边缘内卷；菌肉白色，厚；菌褶近白色，弯生，稠密，不等长；菌柄近圆柱形，粗壮，具有棕褐色不规则的条纹状鳞片，内实，长6～14 cm，直径1.5～3 cm；菌环上位，膜状，易脱落。孢子无色、近球形。属菌根菌，与松树形成菌根关系。秋季在松林或针阔混交林中地上群生或散生，常形成蘑菇圈。

应用价值 菌肉肥厚柔软，香气浓郁，味道鲜美，为食用菌中难得的珍品。该菌富含蛋白质，脂肪，各种人体必须的氨基酸，以及丰富的维生素B_1、维生素B_2，维生素C及维生素PP等。经常食用松口蘑具有强身，益肠胃，止痛，预防癌症，理气化痰之功效，是我国著名的野生菌之一。该菌驯化栽培难度较大，目前人工栽培可尝试经过提纯分离出纯松口蘑菌丝，之后半熟料或全熟料获取大量菌丝，最后回归采集地仿野生栽培。该菇主要靠野生采集，产量低，市场供不应求，售价高，未来前景较好。

野生松口蘑

野生松口蘑

采摘的松口蘑

出菇环境图

5. 松乳菇

起源分类 又名松菌、寒菌、松杉菌等，归属担子菌亚门，层菌纲，伞菌目，红菇科。主要在我国东北、西藏、山西、四川、贵州、云南一带。

生长习性 子实体单生、散生，中等至大型，菌盖直径 4～10 cm，橙黄色至土黄色，有较明显的同心环纹，初扁半球形，后至平展，中部略凹，光滑或稍粘手；菌肉白色，后变橘红色，伤后变绿色，较厚；菌褶橙黄色，密，直生；菌柄近圆柱形，与盖同色，内松软，长 2～5 cm，直径 1～2 cm；孢子浅黄色，椭圆形。属菌根菌，常与松属、冷杉属等的一些树木形成外生菌根。夏秋常生于松林地上。喜有机质丰富的微酸性土壤和潮湿的环境。发生温度在 18～25℃，目前人工驯化尚有一定难度。

野生松乳菇

应用价值 该菇肉质柔软，味道清香、营养丰富，富含多种人体必需氨基酸、维生素和矿质元素。松乳菇有较高的保健价值，经常食用可益肠胃、理气化痰、增强人体免疫力，可治疗腰腿酸痛，手足麻木等症，是世界著名的野生菌之一。该菌驯化栽培有难度，目前人工栽培可尝试经过提纯分离出纯松乳菇菌丝，之后半熟料或全熟料获取大量菌丝，最后回归采集地仿野生栽培。该菇市场较少见，主要靠野外采集，市场售价较高，前景较好。

野生松乳菇

松乳菇形态图

6. 中国块菌

起源分类 又名松毛茯苓、无娘藤果等，归属子囊菌亚门，盘菌纲，块菌目，块菌科。主要分布在我国云南、贵州、四川一带。

生长习性 子实体近球形，椭圆形或土豆状，黑褐色，表面分布有若干小瘤状物，直径 3～8 cm；内部孢体初白色，后期变为紫黑色，具白色冰花状纹理；孢子褐色，椭圆形。属菌根菌，常着生于栎属、桦属、榛属、松属等植物的根际产生共生关系。喜欢温暖潮湿的生长环境。

应用价值 块菌肉质软脆，鲜香可口，营养丰富，含多种人体必需氨基酸、维生素和矿质元素，经常食用可增强人体免疫力、滋补强壮、化痰理气、宁神健体、补肾健脾、美容养颜等功效，是世界著名的菌中珍品，常为很多国家国宴中不可少的食材。该菌驯化栽培极难，目前人工栽培可尝试先分离提纯纯块菌菌丝，之后用其感染寄主的幼苗植物并

块菌形态

形成菌根，再将这些幼苗移栽育林，多年后可自然发生。该菌主要靠野生采集，市场供不应求，售价极高，前景较好。

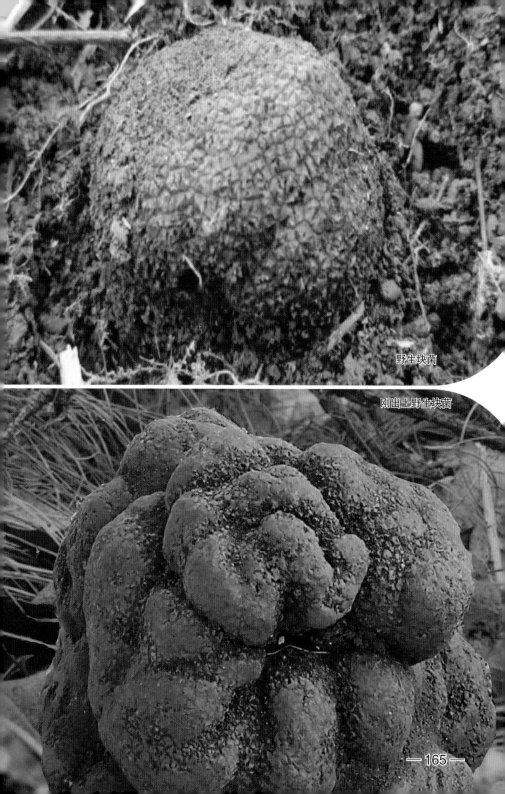

野生块菌

刚出土野生块菌

七

常见可用来栽培食用菌的园艺植物

1. 白桦

Betula platyphylla Sukats.

桦木科，桦木属。

别名　桦树、桦木、桦皮树。

形态特征　落叶乔木，树皮白色，纸状分层剥离，皮孔黄色。树冠卵圆形，小枝细，红褐色，无毛，外被白色蜡层。单叶互生，叶三角状卵形或菱状卵形，基部广楔形，叶缘有不规则重锯齿。雄花为下垂柔黄花序，果序单生，圆柱形。坚果小而扁，膜质翅与果等宽或比果稍宽。

产地与习性　产于东北大、小兴安岭，长白山及华北高山地区。强阳性，耐严寒，喜酸性土，耐瘠薄，适应性强。深根性，生长速度中等，寿命较短，萌芽力强，天然更新良好。

园林应用　白桦枝叶扶疏，姿态优美，尤其是树干修直，洁白雅致，十分引人注目。孤植、丛植于庭园、公园的草坪、池畔、湖滨或列植于道旁均可。

树冠

枝叶和花序

自然林

行道树秋态

自然林秋景

树干

2. 板栗

Castanea mollissima Bl.

山毛榉科,栗属。

别名　栗、中国板栗。

形态特征 落叶乔木。小枝有灰色茸毛,无顶芽。单叶互生,叶椭圆形至椭圆状披针形,先端渐尖,基部圆形或广楔形,缘齿尖芒状,背面常有灰白色柔毛。雌雄同株,雄花为直立柔黄花序,雌花单独或数朵生于总苞内。坚果1~3个包裹于球形总苞内,熟时开裂,总苞密被长针刺。

成熟开裂的总苞和果实

产地与习性 为我国特产树种,以华北和长江流域栽培较集中,其中河北是著名产区。喜光,北方品种较耐寒,南方品种则喜温暖而不怕炎热,喜微酸性或中性土壤。

园林应用 板栗树冠圆广,枝茂叶大,在公园草坪及坡地孤植或群植均适宜,也可用作山区绿化造林和水土保持树种,是绿化结合生产的良好树种。

树冠

一年生枝冬态

总苞

树干

花序

3. 刺槐

Robinia pseudoacacia **L.**

豆科，刺槐属。

别名　洋槐。

形态特征 落叶乔木，树皮灰黑褐色，纵裂，小枝灰褐色，具托叶刺。奇数羽状复叶互生，小叶椭圆形至卵状长圆形，先端圆或微凹，具小刺尖，全缘。总状花序，白色蝶形花，芳香。荚果扁平，线状长圆形，褐色，光滑。花期4—6月份，果期8—9月份。

产地与习性 原产于北美，现欧、亚各国广泛栽培。为强阳性树，较耐干旱瘠薄，对土壤适应性很强，畏积水，浅根性，侧根发达，萌蘖性强，寿命较短。

园林应用 树冠高大，叶色鲜绿，花、叶绿白相映，素雅芳香，可作片林、庭荫树及行道树，也是工矿区绿化及荒山荒地绿化的先锋树种。

品种 香花槐(cv. 'Idaho')，花红色，芳香，在北方5月份和7月份开花，在南方开3~4次花。叶繁枝茂，树冠开阔，树干笔直，树态苍劲挺拔，观赏价值极佳。

树冠

树干

树冠冬态

4. 鹅掌楸

Liriodendron chinense (Hemsl.) Sarg.

木兰科，鹅掌楸属。

别名　马褂木。

形态特征 落叶乔木，树冠圆锥形。叶互生，形如马褂，叶片的顶部平截，犹如马褂的下摆；叶片的两侧平滑或略微弯曲，好像马褂的两腰；叶片的两侧端向外突出，仿佛是马褂伸出的两只袖子。花黄绿色，聚合果，翅状小坚果。花期5—6月份，果熟期10月份。

产地与习性 产于长江流域。鹅掌楸为古老的孑遗植物，第四纪冰期后仅残存鹅掌楸和北美鹅掌楸两种，我国园林中栽培的多为鹅掌楸和杂交鹅掌楸。喜光，喜温和湿润气候，有一定的耐寒性，可经受 −15 ℃低温。喜深厚肥沃、适湿而排水良好的酸性或微酸性土壤，忌低湿水涝。

园林应用 树形端正，叶形奇特，是优美的庭荫树和行道树，花淡黄绿色，美而不艳，最宜植于园林中的安静休息区的草坪上，秋叶呈黄色，很美丽，可独植或群植。

花

叶

树干

树冠

行道树

5. 枫杨

Pterocarya stenoptera C. DC.

胡桃科，枫杨属。

别名　麻柳、蜈蚣柳。

形态特征 落叶乔木，树皮老时深纵裂。裸芽，叶多为偶数或稀奇数羽状复叶互生，小叶 10～16 枚，无小叶柄，对生或稀近对生，长椭圆形或长椭圆状披针形，顶端常钝圆或稀急尖，基部歪斜，上方为侧楔形至阔楔形，下方为侧圆形，边缘有向内弯的细锯齿，上面被有细小的浅色疣状凸起，叶轴有翼。坚果具两翅。花期 4—5 月份，果熟期 8—9 月份。

产地与习性 广布于我国华北、华中、华南和西南各省，在长江流域和淮河流域最为常见。喜光，喜温暖湿润气候，也较耐寒，叶面耐湿性强，不宜长期积水，对土壤要求不严。

园林应用 枫杨树冠宽广，枝叶茂密，生长快，适应性强，在江淮流域多作为庭荫树或行道树。又因枫杨根系发达、较耐水湿，常作固岸护堤及防风林树种。

行道树

复叶

冬芽

冬态

古树中空的树干

水边倾斜的树冠

6. 构树

Broussonetia papyrifera (L.) Vent.

桑科，构属。

别名　构桃树、构乳树、楮树、谷浆树。

树冠

形态特征 落叶乔木，树皮平滑，浅灰色或灰褐色，不易裂，具紫色斑块。一年生枝灰绿色，密生灰白色刚毛，髓心海绵状，白色，全株含乳汁。单叶互生，有时近对生，叶卵圆至阔卵形，先端尖，基部圆形或近心形，边缘有粗齿，3~5深裂，两面有厚柔毛。果球形，熟时橙红色或鲜红色。花期4—5月份，果期7—9月份。

产地与习性 分布于黄河、长江和珠江流域的各地。强阳性树种，适应性特强，耐旱，耐瘠，耐修剪，抗污染性强。

园林应用 枝叶茂密，适合用作矿区及荒山坡地绿化，也可作庭荫树和防护林用。

新植树

叶片

果实

树干

构树

7. 旱柳

Salix matsudana Koidz.

杨柳科，柳属。

别名　柳树、河柳、江柳、立柳、直柳。

形态特征　落叶乔木，树冠倒卵形，大枝斜展，枝细长，直立或斜展，嫩枝有毛后脱落，淡黄色或绿色。叶披针形或条状披针形，先端渐长尖，基部窄圆或楔形，细锯齿。花期4月份，果熟期4—5月份。

产地与习性　我国分布甚广，东北、华北、西北及长江流域各地均有分布，黄河流域为中心，是我国北方地区最常见的树种。喜光，不耐阴，喜水湿，耐干旱，对土壤要求不严。

园林应用　柳树枝叶柔软嫩绿，树冠丰满多姿，给人以亲切优美之感。为重要的园林和绿化树种，但由于柳絮繁多、飘扬时间长，故以种植雄株为宜。

盛夏树冠

枝叶

春季树冠

树干

8. 核桃树

<u>起 源 分 类</u> 核桃又称胡桃、羌桃，为胡桃科胡桃属果树。它与扁桃、腰果、榛子合称为四大干果。中国是世界核桃起源中心之一，除东北和长江中下游较少外，很多省市都有较大面积的栽培。

<u>生 物 学 特 性</u> 核桃为落叶乔木，树高 3~5 m，树冠半圆形，叶片羽状复叶。核桃树一般雌雄同株异花，雄花为柔荑花序，雌花呈总状花序，着生在结果枝顶端。花期4—5月，果实成熟期8—9月。

<u>栽 培 习 性 与 品 种</u> 核桃生长的最适年平均温度为 9~16 ℃，极端最高温度为 38 ℃（超过 38 ℃，果实易被灼伤），极端最低温度为 -25 ℃，有霜期180 d以下。核桃喜光，耐寒，抗旱、抗病能力强，适应多种土壤生长。目前薄壳核桃品种辽核1号、中林1号、香玲、元丰等栽培面积较大。

<u>应 用 价 值</u> 核桃果实营养丰富，含有丰富的蛋白质、脂肪、矿物质和维生素。孕妇多食核桃仁利于婴儿头顶囟门提早闭合；少年常食核桃仁利于大脑发育；青年多食核桃仁可润肌黑发，固精治燥；中老年人常食核桃仁有防治心脑血管疾病、延年益寿等功效。

核桃果园

9. 红槲栎

Quercus rubra L.

壳斗科，栎属。

别名　北美红栎、红栎树。

形态特征 树冠圆形，树皮光滑，灰褐色或深灰色。幼树直立生长，枝条强而直，单叶互生，卵圆形，叶具裂片，每一片裂片顶部具长刚毛，秋季叶片会变为黄色或红褐色。

产地与习性 原产于美国和加拿大东部。在全光和半阴环境下生长良好，抗寒性强，耐大风，适应城市环境，喜中等干湿土壤。我国山东青岛、辽宁南部等地有栽培。

园林应用 秋叶呈鲜红色或红褐色可持续整个冬季，生长速度快，为大型观赏树种。适合在庭园作遮阴树，可用于公园、广场、厂区、庭院绿化，也可作行道树。

枝干

春季萌芽状态

枝叶

秋色叶

树冠

10. 梨树

起源分类 梨为蔷薇科梨属植物，是起源于中国的多年生落叶乔木果树，我国栽培历史在3 000年以上，中国梨栽培面积和产量仅次于苹果。河北、山东、辽宁三省是中国梨的集中产区，栽培面积占全国一半左右，产量约占60％，其中河北省年产量约占我国总产量的1/3。

生物学特性 梨树高约3 m，树形多用纺锤形。叶芽小而尖，花多白色，混合花芽，花芽较肥圆，呈棕红色或红褐色，稍有亮光，花序为伞房状聚伞花序，开花顺序与苹果相反，是边花先开，中心花后开。

栽培习性与品种 梨树对外界环境的适应性比苹果强。耐寒、耐旱、耐涝、耐盐碱。以沙质壤土山地栽植最理想。主要品种有白梨（鸭梨、雪花梨、秋白梨、早金酥梨）、沙梨（翠伏梨、水晶梨、幸水梨）、秋子梨（京白梨、南果梨、花盖梨）、洋梨（巴梨）。

应用价值 梨树全身是宝。梨皮、梨叶、梨花、梨根均可入药，梨木是雕刻印章和制作高级家具的原料。中医学认为梨味甘、性寒，有润肺、祛痰、清热、解毒等功效。梨果实是"百果之宗"，因其鲜嫩多汁、酸甜适口，所以又有"天然矿泉水"之称。

梨树纺锤树形

梨树花芽

11. 苹果树

起源分类　苹果属于蔷薇科苹果属落叶乔木。苹果原产于欧洲、中亚和我国新疆西部一带，栽培历史已有 5 000 年以上，在我国东北南部及华北、华东、西北和四川、云南等地均广泛栽培。西北黄土高原产区和渤海湾产区是我国最适苹果栽培的产区，其出口量占全国的 90% 以上。

生物学特性　苹果树高可达 15 m，栽培品种树高一般控制在 3～5 m。树形多为纺锤形。苹果叶片椭圆形，花期 4—5 月，果期 7—11 月。

栽培习性与品种　苹果喜光，喜微酸性到中性土壤，最适于土层深厚、富含有机质、通气排水良好的沙质土壤。目前栽培的苹果品种有 400 多个，主要属于元帅、富士、金冠三大系统。我国北方栽培品种以红富士、国光、金冠、红星为主，其栽培面积占苹果栽培总面积的 70% 以上。近年红肉苹果、寒富、山沙、嘎拉、红王将、绿帅、华红、美国八号、岳帅等品种栽培面积发展迅速。

应用价值　苹果中含有丰富的糖类、维生素和微量元素。尤其维生素 A 和胡萝卜素的含量较高，被科学家称为"全方位的健康水果"。

苹果纺锤形树体

苹果叶片

12. 厚朴

Magnolia officinalis Rehd. et Wils.

木兰科，木兰属。

别名　厚皮、重皮、赤朴、烈朴、川朴、紫油厚朴。

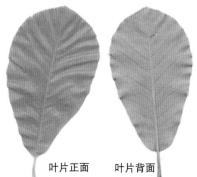

叶片正面　叶片背面

形态特征　落叶乔木，树皮厚，褐色，不开裂；冬芽大，有黄褐色茸毛。叶簇生于枝端。叶倒卵状椭圆形，叶大，叶表光滑，叶背初时有毛，后有白粉，网状脉上密生柔毛，叶柄粗，托叶痕达叶柄中部以上。花顶生，白色，有芳香，萼片与花瓣一共9～12枚或更多。聚合果圆柱状。花期5月份，先叶后花。

产地与习性　分布于长江流域和陕西、甘肃南部。喜光，但能耐侧方庇荫，喜生于空气湿润、气候温暖之处，不耐严寒酷暑。喜湿润而排水良好的酸性土壤。

园林应用　厚朴叶大荫浓，可作庭荫树栽培。

亚种　凹叶厚朴［subsp. *biloba* (Rehd. et Wils.) Cheng et Law］，落叶乔木，小枝粗壮，幼时有绢毛。树皮较厚朴薄。叶先端凹缺成2钝圆浅裂是与厚朴唯一区别明显的特征，花叶同放。花期5—6月份，果期8—10月份。

花　　　　叶片　　　　　　　　　　　树冠秋态

13. 桑树
Morus alba L.

桑科，桑属。

别名　家桑、蚕桑、桑。

形态特征　落叶乔木，树皮灰褐色。单叶互生。叶卵形或卵圆形，先端尖，基部圆形或心形，锯齿粗钝，幼树之叶有时分裂，表面光滑，有光泽，背面脉腋处有簇毛。雌雄异株，小瘦果包藏于肉质花被内，集成圆柱形聚花果——桑葚，熟时红色、紫黑色或近白色。

产地与习性　原产于我国中部，现南北各地广泛栽培。喜光，喜温暖，适应性强，耐寒，耐干旱瘠薄和水湿，在微酸性、中性、石灰质和轻盐碱土壤上均能生长。

园林应用　树冠宽阔，枝叶茂密，秋季叶色变黄，颇为美观，且能抗烟尘及有害气体，适于城市、工矿区及农村四旁绿化。我国古代有在房前屋后栽种桑树和梓树的传统，所以常用桑梓代表故乡。

变种　龙桑，枝条均呈龙游状扭曲。

果序

枝叶

冬态

树冠

14. 桃树

起源分类 桃属于蔷薇科桃属落叶小乔木。桃原产于我国的西北和西南部，栽培历史已有 4 000 多年，目前除黑龙江省不适宜种植外，全国各地均有栽培。

生物学特性 桃树高可达 8 m，栽培 3 m 左右。树形常用 "V" 形或自然开心形。叶片椭圆状披针形。桃树多为复芽，一般 3 芽并生，中间为叶芽，两侧为花芽。露地花期 3—4 月，果实由膨大至转色最后成熟需要 1 个多月。

栽培习性与品种 桃树喜光，耐旱、耐寒力强，在平地、山地、沙地均可栽培。桃树忌涝，冬季温度在 −25～−23 ℃以下桃树容易发生冻害。桃品种可分为北方品种群、南方品种群、黄肉桃品种群、蟠桃品种群、油桃品种群 5 个种群。

应用价值 桃不仅可以鲜食，还可以加工成糖水罐头、桃汁、桃酱、速冻桃片、果冻等多种食品。

桃复芽（三芽并生）

三芽萌发后状态

15. 英国梧桐

Platanus acerifolia (Ait.) Willd.

悬铃木科，悬铃木属。

别名　二球悬铃木。

形态特征　落叶大乔木，树皮光滑，大片块状脱落；嫩枝密生灰黄色茸毛；老枝秃净，红褐色。叶阔卵形，基部截形或微心形，上部掌状5裂，有时7裂或3裂；中央裂片阔三角形，宽度与长度约相等；裂片全缘或有1~2个粗大锯齿；托叶基部鞘状，上部开裂。花单性，雌雄同株，头状花序，雌雄花序同形，生于不同的花枝上。果枝有头状果序1~2个，稀为3个，常下垂，头状果序宿存花柱刺状。

产地与习性　本种为美国梧桐（一球悬铃木）*P. occidentalis* L. 和法国梧桐（三球悬铃木）*P. orientalis* L. 的杂交种，1640年在英国伦敦育成，后由伦敦引种到世界各大城市，广泛栽培，用作行道树和庭园绿化树。20世纪初，法国人引种在上海法租界内，1928年，为迎接孙中山奉安大典，从上海法国租界引种南京，故人们常称其为"法国梧桐"。现东北、华中及华南均有引种。阳性树，喜温暖气候，有一定的抗寒力，对土壤的适应能力极强，能耐干旱、瘠薄。萌芽力强，生长迅速，寿命长，耐重剪。

园林应用　英国梧桐树形雄伟端正，叶大荫浓，树冠广阔，干皮光洁，繁殖容易，生长迅速，具有极强的抗烟、抗尘能力，有"行道树之王"的美称。

树冠秋态

树冠夏态

16. 椰子树

起源分类 椰子为棕榈科椰子属单子叶多年生常绿乔木，原产于亚洲东南部的印度尼西亚至太平洋群岛。我国的椰子是由越南引入，已有2 000多年的栽培历史。分布在海南、广东、台湾、云南、广西等省区，以海南为主要产区。

生物学特性 高种椰子是目前世界种植量最大的优质椰子，树干围径90~120 cm，树高可达20多 m，茎干基部膨大称"葫芦头"。椰子树雌雄同序，花期不同，先开雄花，后开雌花，异花授粉。椰子自受精至果实发育成熟需12个月的时间。

栽培习性与品种 椰子生长最适生长温度为26~27 ℃；年降雨量1 500~2 000 mm及以上，而且分布均匀；适宜的土壤是海岸冲积土和河岸冲积土。椰树栽培品种中按颜色分主要有绿椰、黄椰和红椰三种。香水椰子是绿矮椰子中的一个特异变种类型，是新嫩果型椰子新品种，目前在市场上非常紧俏。

应用价值 椰子果实素有"生命树""宝树"之称，果肉可以吃，也可榨油，营养丰富，果皮纤维可结网，树干可做建筑材料。

椰树

17. 樱桃

起源分类　樱桃为蔷薇科樱属落叶小乔木。目前栽培的主要种类为大樱桃，原产于亚洲西部和欧洲东南部，19 世纪 70 年代传入我国。大樱桃栽培主要集中在山东烟台、辽宁大连、河北秦皇岛等地，其中烟台的面积和产量占全国的 2/3 以上。

生物学特性　樱桃株高可达 8 m，叶卵圆形至卵状椭圆形，花 3～6 朵成总状花序，混合花芽，花瓣白色，核果，近球形。樱桃成熟期早，有早春第一果的美誉，号称"百果第一枝"。

栽培习性与品种　古语言"樱桃好吃树难栽"，樱桃喜温暖而润湿的气候，适宜在年平均气温 15～16 ℃的地方栽培，樱桃在南方省区栽植较多。甜樱桃品种主要为欧美品种，要求一定的需冷量，在我国北方地区表现很好。樱桃果实颜色有红色和黄色两种，优良品种有红灯、早红等。

应用价值　一般水果铁的含量较低，樱桃却不然，每 100 g 樱桃果实中含铁多达 59 mg，居于水果首位。樱桃维生素 A 含量也较多，比葡萄、苹果、橘子多 4～5 倍。

樱桃树

大樱桃新梢与花序

18. 榆树
Ulmus pumila L.

榆科，榆属。

别名　白榆、家榆、榆钱树、春榆、粘榔树。

形态特征　落叶乔木，树皮暗灰色，纵裂，粗糙。小枝细长，排成二列状。单叶互生，叶卵状长椭圆形，先端尖，基部歪斜，缘有不规则单锯齿，羽状脉。早春叶前开花，簇生于去年生老枝上。翅果近圆形，种子位于翅果中部。

产地与习性　产于东北、华北、西北及华东等地。喜光，耐寒，抗旱，能适应干凉气候，不耐水湿，但能耐干旱瘠薄和盐碱土。

园林应用　榆树树干通直，树形高大，绿荫较浓，适应性强，生长快，是城乡绿化的重要树种，作行道树、庭荫树、防护林及四旁绿化均可，也可用作绿篱、盆景。

果实

花序

枝叶

树冠秋态

树冠冬态

19. 榛子树

起源分类 榛树为榛科榛属植物，主产地为土耳其。我国 20 世纪 80 年代前，榛树的大面积栽培种植比较少。1984 年，辽宁经济林研究所通过杂交育种培育出平欧杂交大果榛子后，在长江以北至黑龙江南部地区商品化榛树栽培面积日益增加。

生物学特性 榛树为落叶灌木或小乔木，高 1～7 m。叶互生，阔卵形至宽倒卵形；花单性，雌雄同株，先开花后展叶；雄花成葇荑花序，雌花 2～6 个簇生枝端，开花时包在鳞芽内，仅有花柱外露，呈红色。花期 4—5 月，果期 9—10 月。

栽培习性与品种
不同种类的榛树，对温度要求不一。欧榛喜温暖湿润的气候。榛树栽培适宜平均气温 13～15 ℃、绝对低温 −10 ℃以上、极端高温低于 38 ℃的地区。目前我国北方广泛栽植的抗寒优质高产的平欧杂交榛子品种有达维、平顶黄、金铃、玉坠、薄壳红、辽榛 1 号至辽榛 8 号等。

榛雌雄花序

应用价值 榛子除可鲜食外，也是食品工业中巧克力、糖果、糕点等加工食品的优质原料。榛子也是榨取食用油及多种工业用油的原料。榛子含有丰富的不饱和脂肪酸，可预防高血压、动脉硬化等心血管疾病。

附录1 食用菌分类基础知识

食用菌不是分类学名词。因此其分类单位和系统都遵从真菌的分类。按门（–mycota）、亚门（–mycotina)、纲（–mycetes）、亚纲（–mycetidae）目（–ales)、科（–aceae)、亚科（–ineae）属、种的等级依次排列。下图为食用菌在真菌门中的所属位置。

不同类型的食、药用菌的形态特征往往差异很大。我们需根据它们的子

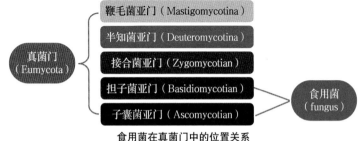

食用菌在真菌门中的位置关系

实体形态特征(形状、大小、着生方式等)、菌盖特征(形状、颜色、附属物等)、菌柄及菌环特征(形状、颜色、纹理、质地、着生位置等)、菌褶或菌管特征(形态、稠稀、颜色、与柄着生位置关系等)、孢子形态特征(形状、颜色、光滑度、透明度、附属物等)、孢子印特征（形状、颜色等）等来确定这些菌的分类。不同科属的菌类长期在某一特定领域内（如森林、草原、田地、荒漠、洞穴、动植物体内等）生长，这样就形成了它在特定环境下的生长特点、生长方式、营养特点和环境需求规律，我们只有深入、详细地调查、研究这些规律才能真正地了解某一菌类。

卵晓岚先生1998年在《中国经济真菌》中记录了1341种经济真菌，其中食用菌876种，分属53科161属；药用菌451种，分属24科85属。其中多属担子菌亚门，常见的有平菇、鸡腿菇、香菇、杏鲍菇、草菇、蘑菇、黑木耳、银耳、猴头、竹荪、松茸、牛肝菌和红菇等；少数属于子囊菌亚门，有羊肚菌、冬虫夏草、块菌等。为了方便读者看清各大型真菌之间的分类所属关系，特参照卵晓岚先生的分类法做了大型真菌门、纲、目、科分类一览表，如下图所示：

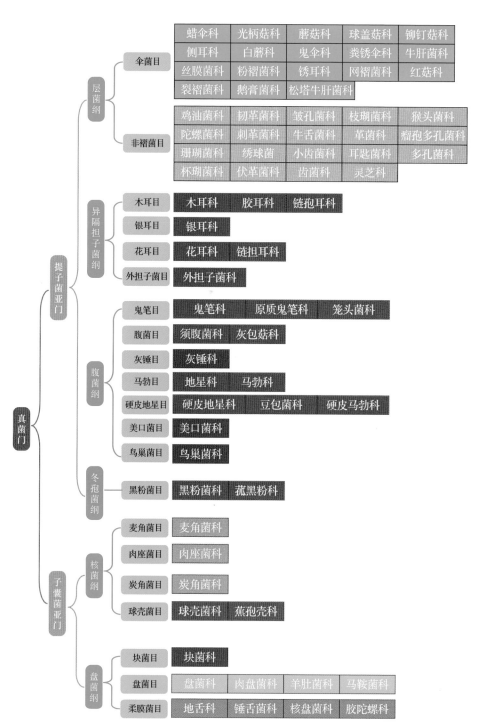

大型真菌门、纲、目、科分类一览表

附录2　食用菌采集知识

　　我国幅员辽阔、地大物博、气候多样，有众多的江河湖泊，森林草原，沼泽湿地等，不同类型的温度区域，季风气候和地形地貌，造就了我国大型真菌资源生长得天独厚的环境条件。不同类型的食用菌资源有它在某一区域下特有的季节发生规律、环境特征、生长特点及和周围物种的相互作用关系等，不清楚这些特点，我们进行采集就会发生"竹篮打水一场空"的后果。因此，在采集食用菌之前，一定要对欲采集的食用菌有清楚的认识，例如羊肚菌多在4—5月份发生，大多数伞菌、多孔菌、子囊菌等在夏、秋之交发生子实体或子座；雨后数日往往是采集蘑菇的好时机，一般在针叶、阔叶或针阔叶混交林中腐殖质肥沃且枯枝落叶较多的地方，适宜食用菌生长；在阴暗湿度的草坡、林地，往往食用菌种类丰富。在准备采集前，还要做好一些必要的准备工作。

　　一、器材准备

　　野外采集应随身携带的用具有硬质采集容器、小铲子、小手锯、小刀、镊子、放大镜、指南针、温度计、卡片号牌、笔、记录本、带拉口的塑料袋等；需携带的设备有便携式显微镜、照相机，注意应有较好的近拍功能。如果想第一时间分离野生菌的话，还需准备好灭菌的空白培养基、接种工具、酒精灯、酒精棉球等。准备标本采集记录表、供查阅的食用菌分类学书籍和备用药品等。

　　二、人员准备

　　若到不熟悉的地方采集标本，最好有向导。在深山老林中采集时，勿单独行动，往往需要3~5人。

　　三、采前培训准备

　　为了得到理想的野生食用菌的子实体、生态数据和影像资料，一定要对随行的人员提前做好培训，将采集流程、方法、注意事项等做好讲解。如在采集食用菌标本时应注意保持标本的完整；较重要的标本，应先全方位拍下生态照片，按照标本采集记录表（如下表，食用菌标本采集记录表）中的内容逐一填好表格，详细记录其形态特征及生态环境；重要的标本，还需要测定生长地温及土壤酸碱度等，同时要收集部分着生基质和周围物种的少量样品；欲分离菌种的标本，应多采一些备用。所有欲采集的食用菌标本均应及时编号、挂牌，以免混淆。

食用菌标本采集记录表

食用菌名称	中文名：　　　　　　　地方名： 拉丁学名：		食用菌照片
采集地点	省　（市）县　乡　村		
生长环境	针叶林、阔叶林、混交林、灌木（丛）、草原、草地、田野、果园、耕地、沼泽地、洞穴、小路		环境照片
	阴坡、阳坡、土壤 pH、环境温度（　）℃，相对湿度、海拔（　）m		
着生基质	立木、枯木、树桩、腐殖土、沙地、粪土、枯草、树叶、蚁巢、虫体、树根	营养方式	腐生、粪生、土生、寄生（植物、昆虫、菌、其他）、共生（植物、昆虫、菌、其他）
生长形态	单生、散生、群生、叠生、丛生、簇生		
菌盖	直径（ cm）　厚度（ cm）　　　颜色		
	扇形、平展、半球形、钟形、斗笠状、漏斗状、喇叭状、卵圆形、马鞍形、中凹、中凸		
	表面粘、不粘、鳞片、茸毛、疣、瘤、纤毛、条纹、龟裂、丝毛、光滑、粗糙		
	边缘具细条纹、条棱、无条棱、上翘、反卷、内卷、波浪状		
菌肉	颜色　　　伤处变色、流汁液、气味　材质：肉质、纤维质、韧质、胶质、革质、木质、其他		
菌褶	颜色　　密度 稀、密、中等，　　宽度（　）cm		直生
	等长、不等长、分叉、全缘、波浪、缺刻、锯齿状		离生
菌管	管面颜色　　　、管内颜色　　　、管口直径（　）cm，　　、管长（　）cm，易、不易剥离		弯生
	形状褶状、分叉、孔状、其他		延生
菌环	颜色　　　；　　大、小；　生柄上、中、下部； 单层、双层、膜质、丝膜质、蛛网状、易脱落、消失		
菌柄	颜色；长（　）cm，直径（　）cm，　　着生菌盖位置：中生、偏生、侧生 肉质、纤维质、韧质、胶质、革质、木质、其他		
	圆柱、纺锤状，基部膨大、不膨大、鳞片、网纹、腺点、陷窝、条纹、纤毛，颗粒、变色、空心、实心		
菌托	无，有，大，小，颜色　　　　　； 类型：袋状、浅杯状、领口状、颗粒、粉粒、残留小托、其他		
孢子	白色、粉红色、锈色、褐色、青褐色、赭色、紫褐色、黑色、变色 椭圆形、卵圆形、近圆形、棒状、球形、近球形、纺锤形、其他		
孢子印	白色、粉红色、锈色、褐色、青褐色、赭色、紫褐色、黑色、变色		
用途	食用；药用；有毒；引起木材白、褐腐朽；菌根		
备注			

附录3　毒菌的识别知识

在野外食用菌采集时，常常会碰到一些有毒的菇类，毒菌常含有毒性物质，误食后使人发生中毒反应。毒菌绝大多数属于担子菌亚门，伞菌目。以鹅膏属、丝盖伞属、花褶伞属、红菇科的有毒种类较多。据不完全统计，世界上已知具较明显毒性的毒蘑菇种类多达400多种，常见的毒蘑菇有大鹿花菌、赭红拟口蘑、白毒鹅膏菌、毒鹅膏菌、毒蝇鹅膏菌、细环柄菇、大青褶伞、细褐鳞蘑菇、半卵形斑褶菇、毒粉褶菌、介味滑锈伞、粪锈伞、美丽粘草菇、毛头乳菇、臭黄菇、白黄粘盖牛肝菌等。

经常发生的毒菌中毒症状有

①胃肠中毒，表现为恶心、呕吐、腹痛、头昏、头痛、全身乏力等症状，如毒红菇、毛头乳菇、黄粘盖牛肝菌和粉红枝瑚菌等。

②神经型中毒，出现大汗、烦躁、视物不清或幻视等症状，如含毒蝇碱的蘑菇中毒。

③肝脏受损，常造成人体多器官功能衰竭而导致死亡，如白毒伞中毒。

④溶血型中毒，主要表现为呕吐、腹痛、急性贫血、出现蛋白尿、血尿等症状，如鹿花菌中毒。

⑤损害呼吸与循环系统，出现中毒性心肌炎、急性肾功能衰竭和呼吸麻痹等症状，如毒粉褶菌中毒。

⑥过敏，出现皮炎等症状，如叶状耳盘菌中毒。

人一旦误食这些毒菌后，应第一时间送医院诊治。常用的方法有催吐、洗胃、导泻、灌肠、输液和利尿等措施；同时也可配合吃一些解毒的药品或食物，如浓茶、鸡蛋清、绿豆汤、金银花、紫芝或灵芝等。

一般来说，判断蘑菇是否为蘑菇有毒有以下几种方法，基本上符合很多种类型的毒菌，虽然不绝对，但在采到野生蘑菇后有一定参考价值：

①若野生蘑菇跟大蒜、大米、生葱一起煮，液体变黑就可能有毒，没变颜色基本就没有毒。

②一般来说，虫子不吃、味苦、有腥臭味的野生有毒蘑菇。

③若掰开野生蘑菇有分泌物，往往有毒。

④若野生蘑菇色彩艳丽，菌盖上有疣、柄上有环并具菌托，往往有毒。

这些可作为野外识别毒蘑菇的一个初步的判断依据，当然其中或许有一些例外情况，在不确准的情况下勿轻易食用。

附录4 食用菌标本制作知识

当我们从野外发现珍贵、难得的野生食用菌时，我们不仅要留下影像、数据资料，更应采取一些手段去长期保藏这些原始资料，以便今后研究需要。

采集好的野生菌要最大可能保持它的完整度，如菌幕、菌环、菌托、假根等结构；若有菌虫复合体的要保持二者的完整连接。采到的标本应及时系上标牌号，并将这些标本放至标本盒中带回。之后要对照标牌号详细整理这些标本，同时参照食用菌标本采集记录表中的记录对该野生菌作出详细整理记录。

刚采到的野生菌往往存放时间不长，很快就会有变色、脱水、开裂等现象。所以应尽快对这些野生食用菌进行处理，常用的方法有干制和浸制两种方法。

一、干制标本

将采到的野生菌表面进行擦拭清洗，之后放在电热干燥箱中进行干燥。开始温度设定到30℃，之后逐步升高温度，当野生菌6~7成干时，将温度升高到50℃左右，维持1 h；待野生菌接近干燥时，再将温度下降到40℃左右，直至烘干。

干制后的标本应及时放在标本盒中。盒内应放置防潮剂和樟脑粉，防止霉变或虫蛀，同时贴上采集标签，密封盒盖，于干燥通风处保存。这样标本可以保藏若干年。

二、浸制标本

将采到的野生菌首先进行清洗，除去表面杂物，之后拿细线系于野生菌的基部，另一头系在干净的小石块或玻璃上，然后将其浸入标本瓶的防腐液中，最后密封标本瓶盖。

常用的防腐液有：

1、针对白色、灰色或其他淡色的野生菌标本

① 70%的酒精溶液。

② 5%～10%的甲醛溶液。

③甲醛 50 mL，95％乙醇 300 mL，水 2 000 mL。

2、保持野生菌色泽的浸渍液

①子实体色泽为水溶性。选用中性醋酸铅 10 g，冰醋酸 10 mL，醋酸汞 1 g，95％乙醇 1 000 mL 的浸渍液。

②子实体色泽难溶于水，常选用醋酸汞 10 g，冰醋酸 5 mL，水 1 000 mL 的浸渍液，或甲醛 10 mL，硫酸锌 25 g，水 1 000 mL 的浸渍液。

野生菌浸渍标本

附录5　本书食用菌分类一览表

门	亚门	纲	目	科	属			
真菌门	担子菌亚门	层菌纲	伞菌目	侧耳科	平　菇	鲍鱼菇	虎皮香菇	榆黄菇
					杏鲍菇	凤尾菇	革　耳	白灵菇
					红平菇	香　菇	白平菇	紫革耳
				蘑菇科	双孢蘑菇	大肥菇	巴西蘑菇	
				白蘑科	榛　蘑	大杯伞	金针菇	真姬菇
					榆树菇	紫丁香蘑	安络小皮伞	长根奥德蘑
					松口蘑	蒙古口蘑	鸡枞菌	荷叶离褶伞
				鬼伞科	鸡腿菇			
				球盖菇科	黄　伞	滑　菇	大球盖菇	
				粪锈伞科	杨树菇			
				鹅膏菌科	橙盖鹅膏菌			
				裂褶菌科	裂褶菌			
				光柄菇科	草　菇			
				牛肝菌科	美味牛肝菌			
				红菇科	松乳菇			
			非褶菌目	鸡油菌科	鸡油菌			
				珊瑚菌科	平截棒瑚菌			
				枝瑚菌科	红枝瑚菌			
				绣球菌科	绣球菌			
				革菌科	干巴菌			
				皱孔菌科	榆耳			
				牛舌菌科	牛舌菌			
				猴头菌科	猴头菇	分枝猴头菌		
				多孔菌科	灰树花	猪　苓	茯　苓	云　芝
					硫磺菌	槐　耳	桑　黄	
				灵芝科	鹿角灵芝	灵　芝	紫　芝	黑　芝
					树　舌			
		异隔担子菌纲	银耳目	银耳科	银　耳	金　耳		
			木耳目	木耳科	黑木耳	毛木耳	白玉木耳	
			花耳目	花耳科	桂花耳			
		腹菌纲	鬼笔目	鬼笔科	长裙竹荪	短裙竹荪		
			马勃目	马勃科	马　勃			
	子囊菌亚门	核菌纲	麦角菌目	麦角菌科	蛹虫草	冬虫夏草	蝉　花	
			肉座菌目	肉座菌科	竹　黄			
			炭角菌目	炭角菌科	乌灵参			
		盘菌纲	盘菌目	羊肚菌科	羊肚菌			
			块菌目	块菌科	中国块菌			

参考文献

[1] 李玉，李泰辉，杨祝良，等 . 中国大型菌物资源图鉴 [M]. 河南 : 中原农民出版社，2015.

[2] 罗信昌，陈士瑜 . 中国菇业大典 . 第 2 版 [M]. 北京 : 清华大学出版社，2016.

[3] 卯晓岚 . 中国大型真菌 [M]. 河南 : 科学技术出版社 ,2000.

[4] 黄年来 . 中国大型真菌原色图鉴 [M]. 北京 : 中国农业出版社 ,1998.

[5] 刘旭东 . 中野生大型真菌彩色图鉴 2[M]. 北京 : 中国林业出版社 ,2004.

[6] 袁明生，孙佩琼 . 中国蕈菌原色图集 [M]. 成都 : 四川科学技术出版社 ,2007.

[7] 卯晓岚 . 中国经济真菌 [M]. 北京 : 科学出版社 ,1998.

[8] 牛长满 . 名优食用菌原色图鉴 [M]. 北京 : 化学工业出版社，2016.

[9] 图力古尔，朴龙国，范宇光 . 蘑菇与自然环境：长白山蘑菇垂直分布 .[M]. 上海 : 上海科学普及出版社，2017.